儿童钙铁锌食谱

陈国濠 编著

200道

U0363869

辽宁科学技术出版社

沈 阳

图书在版编目（CIP）数据

儿童钙铁锌食谱200道／陈国濠编著． — 沈阳：辽宁科学技术出版社，2017.8
ISBN 978-7-5591-0073-3

Ⅰ．①儿…　Ⅱ．①陈…　Ⅲ．①儿童－微量元素营养－食谱
Ⅳ．① TS972.162

中国版本图书馆 CIP 数据核字（2017）第 006880 号

出版发行：辽宁科学技术出版社
　　　　　　（地址：沈阳市和平区十一纬路 29 号　邮编：110003）
印 刷 者：广州培基印刷镭射分色有限公司
经 销 者：各地新华书店
幅面尺寸：170mm×238mm
印　张：8
字　数：205 千字
出版时间：2017 年 8 月第 1 版
印刷时间：2017 年 8 月第 1 次印刷
责任编辑：郭　莹　邓文军
文字编辑：梁晓林
责任校对：王玉宝

书　号：ISBN 978-7-5591-0073-3
定　价：29.80 元
联系电话：024—23284376
邮购热线：024—23284502

前言

　　0～6岁的宝宝身体成长速度非常快，这时候妈妈们一定要给宝宝把好营养关，从饮食习惯、营养均衡等方面，为宝宝进行合理安排。任何一种营养元素缺乏，如钙、铁、锌、维生素等，都会影响宝宝的健康成长。

　　如果饮食安排不合理，或宝宝有挑食、偏食、厌食的不良饮食习惯，或经常腹泻、呼吸道感染、因食欲不佳导致胃肠吸收不良，就很容易发生缺钙、缺铁、缺锌、缺维生素等常见的营养缺乏症。

　　本书精心选择了多种富含钙、锌、铁的食物，告诉您科学搭配的技巧，推荐简单易做的营养食谱。聪明宝贝的营养助力餐，是智慧妈妈的用心之选！

　　本书依据儿童生理发育情况和营养需求，结合孩子们的饮食喜好特点，精选各种补钙、补锌、补铁食材，并对每种食材的营养成分、补充原理、营养功效等做出了详细的介绍，帮助您为孩子烹制出集色、香、味、食补于一体的美味佳肴，让孩子在一日三餐中轻松获取钙、锌、铁等营养素。

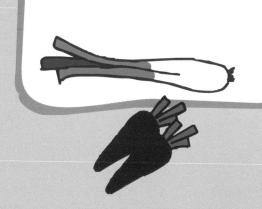

目 录
Contents

第一部分

如何给孩子补钙

认识"生命元素"——钙

钙是构成人体的重要元素，是人体中含量最多的无机盐组成元素。一个健康的成人，其体内钙总量 1000 ～ 1300 克，其中有 99.3% 的钙集中在骨骼和牙齿中，主要以羟磷灰石晶体式存在，少量为无定形钙，这部分钙在婴幼儿时期占较大比例，随着年龄的增长而逐渐减少。钙在骨骼和牙齿中以矿物质形式存在，其在软组织、体液中以游离钙、结合钙的形式存在，这部分钙统称为混溶钙池，它与骨骼钙维持着身体的动态平衡，参与和维持多种正常生理功能。

 ## 人体对钙的吸收

人体对钙的吸收主要在小肠上部完成。平时膳食中摄入的钙仅有 20% ～ 30% 由小肠吸收并进入血液，而 70% ～ 80% 的钙将从粪便、尿、汗液中排出，未被吸收。造成人体对钙吸收障碍的原因很多，主要是由于膳食中钙的摄入量较低，特殊生理阶段对钙的需要量增加，膳食或机体中存在某些影响钙吸收的因素。促进钙吸收的营养素有维生素 D、乳糖、膳食蛋白质和一些增加肠内酸度的物质，如乳酸、醋酸、氨基酸均能促进钙的吸收。此外，食物中钙的浓度高，也有利于钙的吸收。影响钙吸收的不利因素有膳食中的草酸盐与植酸盐、膳食纤维。另外，钙的吸收还与机体状况有关，儿童对钙的需求量较高，钙吸收率较大。

 ## 钙对孩子的重要性

钙是构成人体的重要元素，并在机体各种生理和生化过程中对维持生命有着非常重要的作用。钙缺乏症是比较常见的营养性疾病。儿童缺钙时常伴随着蛋白质和维生素 D 的缺乏，导致生长迟缓、新骨结构异常、骨钙化不良、骨骼变形，从而发生佝偻病。

 ## 孩子缺钙的表现

不少妈妈都不知该怎样判断宝宝是否缺钙。专家建议，如果宝宝出现以下情况，很可能就是缺钙了。

常表现为多汗，即使气温不高，也会出汗，尤其是入睡后头部出汗，并伴有夜间啼哭、惊叫，哭后出汗更明显。部分小儿头颅不断摩擦枕头，久之颅后可见枕秃圈。

精神不佳、烦躁，睡眠时易惊醒，而且不

如以往活泼，即使是到了新的环境也不太感兴趣。

出牙晚或出牙不齐。一般婴儿出生5～10个月就要萌生乳牙，但有的小儿1岁半时仍未出牙。如在牙齿发育过程缺钙，牙齿排列会参差不齐或上下牙不对缝，咬后不正，牙齿松动，容易崩折，过早脱落。

头形变化，前额高突，形成方颅。

 ## 孩子补钙技巧

在宝宝出生6个月内，应尽量用母乳喂养，确实不能进行纯母乳喂养时，要及时提供婴儿配方奶，因为乳类含钙量最高，且容易吸收。宝宝出生4～6个月，开始添加辅助食物时，及时补充富含蛋白质、维生素D、钙和磷的食物。刚开始时以新鲜的蔬菜汁和兑水的果汁为主，然后是米粉、米糊、蔬菜泥，接着是蛋黄泥、果泥等，在宝宝大些后，可加入乳酪、豆制品、水产品和种类更为丰富的蔬菜等。

婴儿缺钙的最主要原因是维生素D摄取不足，但其在食物中的含量并不是特别多，因此每天需要进食鱼肝油和维生素D。晒太阳是补充维生素D的另一个有效的途径，能促进婴儿钙的合成和吸收，晒太阳还是预防佝偻病最经济、最有效的方法。在宝宝满月后，应经常带他到户外空气清新的地方活动，晒晒太阳，但要注意戴太阳帽以防眼睛受阳光直射，可涂一些婴儿防晒霜，而冬季要做好保暖，一般情况下，每天晒太阳的时间不要少于1小时。

总之，为解决钙摄取不足，首推选择合理搭配含钙高的食物，如果饮食调理和经常晒太阳仍然不能满足婴幼儿钙的需要，就要考虑去医院检查，并在医生指导下适量添加钙剂。一般纯母乳喂养的6个月月龄内的婴儿不必添加钙剂，配方奶喂养或混合喂养的婴儿每日可添加100毫克左右的钙剂；7～36个月月龄的婴幼儿每日可添加100～200毫克的钙剂。

 ## 适合孩子的补钙食物

日常生活中有的食物可作为钙源补充，给宝宝安排辅食时适宜选择的食物有：

牛奶：营养全面，含钙丰富，更易为人体吸取，可作为婴儿日常补钙的重要食品，但应选用婴幼儿配方牛奶。另外，其他奶类制品如酸奶、奶酪、奶片等，也都是良好的钙来源。

虾皮：高钙海产品，将虾皮剁碎添入到汤、泥、糊中，或入馅包入小馄饨、小饺子中，十分适宜婴儿补钙食用。

豆制品：大豆制品如豆腐、豆浆等都是高蛋白食物，含钙量很高，是日常辅食中良好的钙的来源。

动物骨头：动物骨头里80%以上都是钙，但是不溶于水，难以吸收，给宝宝制作时可以事先敲碎它，加少许醋后用文火慢煮汤。

绿色蔬菜：蔬菜中也有许多高钙的品种，适宜婴儿的主要有雪里蕻、小白菜、油菜、白菜、菠菜等。

另外，黄花菜、紫菜、海带芽、鸡蛋、榛子、核桃、玉米和一些海鱼的肉中也都含有丰富的钙，可在辅食中酌情添加。

骨汤豆腐糊

制作方法：

1. 北豆腐洗净，切成小块。

2. 豆腐放入锅内，加入大骨汤，边煮边用勺子将豆腐研碎成泥，放盐调味，煮好后放入小碗内，研磨至光滑细腻时即可。

营养小支着：

大骨熬出的汤富含钙，而豆腐及豆制品也是补钙的良好选择。此糊易于消化吸收，有益于儿童的全面发育。煮豆腐时要注意火候，蛋白质如果凝固则不好消化，故煮的时间要适度。

材料： 北豆腐 50 克，大骨汤、盐各适量。

丝瓜排骨粥

制作方法：

1. 将丝瓜洗净后去皮切片，蘑菇洗净切片，排骨洗净后汆一遍，大米洗净浸泡半小时，备用。

2. 向锅内依次放入适量清水、排骨、姜片，大火煮沸后转小火慢炖约 1 小时。

3. 向锅内加入大米，中火煮沸后转小火慢炖，再放入丝瓜、蘑菇及碘盐少许。

4.10 分钟后关火出锅即可。

营养小支着：

丝瓜排骨粥具有清热解毒、消炎祛暑的作用，适合夏季儿童食用。由于丝瓜中维生素 C 和 B 族维生素比较丰富，对于缺乏这两种维生素的儿童有积极作用。丝瓜可用于预防各种维生素 C 缺乏症，也有利于小儿大脑发育。

材料： 新鲜丝瓜 40 克，排骨 100 克，大米 50 克，蘑菇、姜片、碘盐各少许。

三鲜蒸蛋羹

制作方法：

1. 将鸡蛋磕入碗内，按 1：1 的比例加入温开水和少许食盐、香油，搅匀待用。

2. 蒸锅加水用大火烧开，把鸡蛋液上锅蒸成豆腐脑状的蛋羹。

3. 炒锅内加入清高汤烧开，然后放入海米末、小白菜末、番茄末和食盐，煮熟后用湿淀粉勾芡，浇在蛋羹上。

营养小支着：

此蛋羹营养丰富，特别是海米、小白菜、鸡蛋都能为宝宝提供丰富的钙、铁、锌及各种维生素，有利于生长发育。

选择新鲜蔬菜时品种可以多样化，如小白菜、油菜、菠菜、卷心菜、苋菜、豆苗等，加入一些豆腐泥也很适合给宝宝补钙。

材料：鸡蛋 1 个，海米末 5 克，番茄末、小白菜末各 15 克，清高汤、香油、湿淀粉、食盐各少许。

鲜蘑腐竹

制作方法：

1. 干腐竹用清水泡发，切成小段；鲜蘑洗净，切成小块。二者都下入开水锅烫一下后捞起。

2. 炒锅烧热花生油，爆香姜末，加入料酒、鸡汤、食盐，放入腐竹段煨香，再加入鲜蘑块拌炒至收浓汁，用湿淀粉勾芡即成。

营养小支着：

腐竹和蘑菇都含有丰富的优质蛋白质、钙、锌和多种必需氨基酸，这对大脑神经的健康和促进智力发育很有帮助。钙除了与骨骼成长息息相关外，还对维护心脏健康、控制神经系统感应有重要作用。

材料：鲜蘑 150 克，干腐竹 100 克，鸡汤、花生油各适量，料酒、食盐、姜末、湿淀粉各少许。

材料：排骨250克，新鲜莲子200克，海带结100克，食盐1匙。

海带莲子排骨汤

制作方法：

1. 排骨洗净切块，放滚水中氽烫后捞出。

2. 排骨先下锅加6碗水煮沸，转小火慢炖20分钟后，放入洗净的莲子、海带结。

3. 大火煮至汤沸后转小火续炖20分钟，等材料都熟软了，加食盐调味即可。

营养小支着：

排骨含有丰富的钙，海带味咸、性寒，入肝、胃、肾经，有助排便、解毒、消痰、利水清热之功用。海带有助排便、散结的功效，常用于治疗瘿瘤、瘰疬等病。海带还可以清热利尿，常配服其他利尿药，治疗水肿或脚气等病症。海带莲子排骨汤能增强肠胃功能，帮助排出体内毒素，增进食欲，滋补强身。

材料：黑芝麻50克，花生仁30克，大米25克，白砂糖10克，牛奶100毫升。

奶香花生黑芝麻糊

制作方法：

1. 大米淘洗后泡水2小时；花生仁去掉外膜；黑芝麻放入锅中干炒香后研磨碎。

2. 将大米沥干，与花生仁、黑芝麻碎一起放入搅拌机中，加少许水打碎打匀。

3. 小锅中加少许水煮沸，倒入打好的芝麻花生大米浆，加入白砂糖煮成糊状，倒入牛奶煮开即可。

营养小支着：

黑芝麻有益肝、补肾、养血、润燥、强骨、乌发、美容的作用，其含钙和铁都异常丰富，在辅食中适量添加，对宝宝的骨骼和牙齿的发育非常有益；加入大米、花生、牛奶，还可补肝肾、健脑力，调理身体虚弱。

鲜爽鱼肉松

制作方法：

1. 鲜鱼肉洗净，上锅蒸熟，剔净骨刺。

2. 取处理好的鱼肉压匀剁碎。

3. 中火烧热锅，加入植物油，放入鱼肉末，炒至鱼肉香酥时，加入食盐、酱油、白砂糖，炒匀即可。

营养小支着：

鱼肉含有丰富的矿物质、优良的蛋白质，是宝宝发育必不可少的食物。从添加辅食开始就已经在为宝宝断奶做准备，可先让其适应鱼汤，再喂食鱼肉制作的辅食。

材料：鲜鱼肉 200 克（鳕鱼、黄鱼、鲫鱼、鲈鱼、鲑鱼、草鱼均可），植物油、酱油、食盐、白砂糖各少许。

双蔬蒸蛋

制作方法：

1. 将鸡蛋黄打散，与高汤混合，调匀，放入蒸笼中，用中火蒸 3 分钟。

2. 嫩菠菜和胡萝卜丁分别下入沸水锅中焯透，剁制或研磨成碎末，置于蛋黄上，继续蒸至蛋黄嫩熟即可。

营养小支着：

以蛋黄和新鲜蔬菜组合，对 7 个月以上的宝宝很适宜。妈妈可以不时调换蔬菜的搭配以丰富宝宝的口味。蛋黄中含有丰富的钙、锌、磷、铁等矿物质和高生物价蛋白质及 B 族维生素，所含的卵磷脂对神经系统和身体发育有很大帮助。胡萝卜中丰富的胡萝卜素能益肝明目，是骨骼正常生长发育的必需物质。菠菜中含有各种维生素较多，有助于营养的均衡摄取。

材料：生鸡蛋黄 2 个，嫩菠菜 15 克，胡萝卜丁 10 克，高汤少许。

材料：鸡蛋 2 个，猪里脊肉 20 克，银鱼 15 克，植物油、柴鱼粉、葱花、食盐各少许。

肉末银鱼蒸蛋

制作方法：

1. 将鸡蛋磕入蒸碗中搅匀；猪里脊肉剁成末；银鱼洗净。

2. 在鸡蛋液中加入适量清水拌匀，再放入猪里脊肉末、银鱼、柴鱼粉、植物油、食盐调匀。

3. 将拌好的鸡蛋液放入水烧开的蒸锅中用大火蒸 2 分钟后转中火蒸约 8 分钟，撒上葱花即可。

营养小支着：

银鱼营养丰富，含有蛋白质、脂肪、维生素、钙、磷、铁等多种营养成分，有滋阴润肺、宽中健胃、补气利水的功效，宝宝出生 10 个月后将银鱼加入食谱中十分适宜。没有柴鱼粉时可以省去不放。

材料：青菜叶 30 克，鸡胸肉 50 克，即溶麦片 30 克，熟鸡蛋 1 个，大骨高汤 150 毫升，食盐少许。

骨汤鲜蔬鸡肉麦片

制作方法：

1. 青菜叶洗净，用沸水烫熟，待凉后切成末；鸡胸肉洗净后，先切小薄片，再切成小粒；熟鸡蛋去壳，将蛋白切成小薄片，蛋黄切碎。

2. 将大骨高汤入锅加热，放入鸡胸肉粒煮熟，再放入即溶麦片煮开，转小火，放入青菜叶末和切好的鸡蛋拌匀，调入食盐稍煮即可。

营养小支着：

此糊营养丰富，可提供丰富的蛋白质、钙、铁和维生素，能促进宝宝生长发育，对断奶很有帮助，适宜 11 个月月龄以上的婴幼儿。制作时还可用稠米粥或米糊代替麦片，做成菜肉米糊，也可选用鱼肉、瘦肉来做。

蒸鸡汤海米豆腐

制作方法：

1.把嫩豆腐切成小块，用开水焯一下，捞出装碗。

2.海米用温水泡软，切成末，放入嫩豆腐中，加入少许酱油、香油和清鸡汤，放入蒸锅蒸熟即可。

营养小支着：

豆腐和海米都是钙的极佳食物来源，两者组合是食物补钙的理想选择。另外，虾皮中含有丰富的蛋白质和钙，有"钙库"之称，是很好的补钙食物。因此，还可选用虾皮代替海米。

材料：嫩豆腐100克，海米5克，清鸡汤适量，酱油、香油各少许。

鱼虾豆腐羹

制作方法：

1.虾仁挑去沙线，洗净；鱼肉片用沸水焯一下。

2.锅中放入熟猪油烧热，用葱花、姜末爆锅，放入油菜段稍炒，倒入高汤烧沸。

3.放入虾仁、鱼肉片、豆腐块烧开，用湿淀粉勾芡，加入食盐、香油再稍煮即可。

营养小支着：

此菜荤素搭配合理，可补肝肾、壮体力、补脑力、增智力，所含丰富的钙还可促进骨骼健康，提高抗病能力。

材料：虾仁、油菜段、鱼肉片各100克，豆腐块150克，高汤适量，姜末、葱花各5克，熟猪油10克，湿淀粉、食盐、香油各少许。

彩丝腐皮卷

材料：

豆腐皮800克，瘦肉500克，香菇30克，胡萝卜50克，竹笋30克，甜椒1个，酱油、湿淀粉、小葱、鲜汤、姜、白砂糖、植物油、食盐各适量。

制作方法：

1. 将豆腐皮洗净揿干，平铺在案板上。

2. 将瘦肉、香菇、胡萝卜、竹笋、甜椒切成丝，姜、小葱切末。

3. 在豆腐皮上抹上一层湿淀粉，摊上一层肉末和其他丝馅儿卷成卷，封口粘紧。依次制作10个肉卷备用。

4. 锅内放入植物油，烧至七成热，下入肉卷，炸成虎皮色捞出，沥去油。锅中加入鲜汤、白砂糖、酱油、食盐、葱末、姜末，汤沸时下炸肉卷，煮透装盘即成。

营养小支着：

豆腐皮是大豆磨浆烧煮后，凝结干制而成的豆制品。豆腐皮中含有丰富的优质蛋白，营养价值较高；含有大量的卵磷脂，可预防心血管疾病，保护心脏；还含有多种矿物质，可补充钙质，促进骨骼发育，对小儿骨骼生长极为有利。

茄香
鱼片

材料：

鳕鱼片 200 克，豌豆仁、
莴笋丁、小白菜各适量，
番茄酱 20 克，白砂糖 3 克，
白醋 3 毫升，食盐、胡椒
粉各少许，蛋清淀粉糊、
植物油各适量。

制作方法：

1. 将鳕鱼片洗净后加入食盐、胡椒粉腌入味，裹匀蛋清淀粉糊，放入热油锅中过油后备用；
豌豆仁、莴笋丁入沸水中焯透后沥干。

2. 炒锅内放入植物油烧热，加入豌豆仁、莴笋丁、番茄酱、白砂糖、白醋炒匀，下鳕鱼片和
小白菜拌炒至熟软入味即可。

营养小支着：

鳕鱼肉含有幼儿发育所必需的各种氨基酸，其比值和儿童所需量非常相近，易于消化吸收，

其还富含不饱和脂肪酸、维生素 A、维生素 D、B 族维生素和钙、镁、硒等营养元素，能促

进骨骼、大脑的发育，增强新陈代谢和造血功能。

苋菜汁

材料:

紫苋菜 150 克。

制作方法:

1. 将苋菜择洗干净,取鲜嫩部分切成小段,用开水烫一下,沥干。

2. 小锅置于火上,放入约 150 毫升水烧沸,倒入苋菜段,煮 5 分钟,离火后再焖 10 分钟,滤去菜渣取汤水喂给宝宝吃。

营养小支着:

苋菜富含易被人体吸收的钙、铁、维生素 K,对骨骼及牙齿的生长和发育有很好的促进作用,并能增强造血功能。一般要先喂食宝宝菜水,待其逐渐适应后,再逐渐向菜泥过渡。

蛋黄豌豆糊

制作方法：

1. 鲜豌豆去掉豆荚，取豌豆仁用开水烫洗一下，放进搅拌机中（或用刀剁），搅成豆蓉。

2. 将鸡蛋煮熟捞起，放入凉开水中浸一下，去壳，取出蛋黄，压磨成蛋黄泥。

3. 大米洗净，在适量水中浸泡 2 小时后，倒入粥锅中，加入豌豆蓉，置小火上煮约 1 小时至半糊状，以米、豆煮烂成泥状为佳，拌入蛋黄泥，再煮 3 分钟即成。

营养小支着：

此糊含有丰富的钙质和碳水化合物、维生素 A、卵磷脂等营养素，有健脑益智、促进发育的作用。6 个月大的婴儿有的已开始出乳牙，骨骼也在发育，这时必须供给充足的钙质及保证全面营养，此糊即为宝宝辅食的一个理想选择。

材料：鲜豌豆（带豆荚）100 克，鸡蛋 1 个，大米 25 克。

虾仁三鲜蛋饺

制作方法：

1. 将虾仁处理干净，剁成细末，与香菇粒、冬笋末、荸荠末混合，加入鸡蛋清、食盐拌成馅儿。

2. 鸡蛋打散，用烧热的植物油摊成几张小薄蛋饼，放入馅儿，折叠包成饺子状，稍煎后盛入蒸盘，蒸熟后取出。

3. 油菜心放入高汤中煮熟，摆在蛋饺周围。

4. 高汤加食盐烧开，用湿淀粉勾芡，取少许淋在蛋饺上。

营养小支着：

这道菜还可用猪肉末、鸡肉末或鱼肉末来做馅儿，口味、营养各有所长。蛋饺美观促食欲，妈妈在日常配餐中经常变换馅料制作，有利于防治孩子偏食。

材料：鸡蛋 3 个，净虾仁 100 克，油菜心 50 克，香菇粒、冬笋末、荸荠末各 25 克，1 个鸡蛋的蛋清，食盐、湿淀粉、高汤、植物油各适量。

材料：鱼肉100克，肉汤适量，酱油、奶油各少许。

奶油鱼末

制作方法：

1. 把鱼肉洗净后放入开水中煮熟，取出后剔除鱼刺，然后把鱼肉切成碎末。

2. 锅内加肉汤和少许酱油置火上，加入鱼肉末，边煮边用小勺搅拌，煮至鱼肉成熟时再加入奶油拌匀即可。

营养小支着：

这是一款适合婴幼儿的营养食谱。鱼肉中的钙、铁、磷、锌、碘等含量十分丰富，给宝宝食用很有益。要经常给宝宝吃各种富含钙、维生素D、蛋白质的食物，谷物类、蔬菜、蛋黄、牛奶及奶制品、豆制品、鱼类都很适合。

材料：豆腐300克，鲜虾100克，黄瓜丁50克，香菇丁30克，食盐、胡椒粉、香油、花生油各适量。

虾泥豆腐

制作方法：

1. 鲜虾切开背部，除去泥肠，去壳，剥出虾仁洗净，剁成蓉泥，加食盐、胡椒粉、香油搅拌至起胶。

2. 用纱布包裹豆腐洗净，压成泥状。

3. 将豆腐泥与虾胶混合拌匀，再加入香菇丁和少许食盐拌匀，放入抹了花生油的蒸盘中，放入蒸锅蒸熟，再撒上黄瓜丁，淋上少许烧热的花生油即可。

营养小支着：

豆腐和虾都是良好的钙的食物来源，而虾和香菇中还富含能促进钙吸收的维生素D。几种营养全面的食物组合在一起，有益于儿童补钙壮骨，维护健康。

香蕉奶酪糊

制作方法：

1. 鸡蛋煮熟，用冷水浸泡一会儿，去壳，取出鸡蛋黄，压磨成泥状。

2. 香蕉去皮，取果肉用羹匙压磨成泥；胡萝卜用开水煮熟，研磨成胡萝卜泥。

3. 把鸡蛋黄泥、香蕉泥、胡萝卜泥混合奶酪拌匀，再加上婴儿牛奶调匀成糊即可。

营养小支着：

婴儿习惯喝母乳，所以刚开始给婴儿添加辅食时，口味与母乳越接近越好。奶酪和婴儿配方牛奶都含有丰富的钙质和优质蛋白质，与富含淀粉、糖分、各类维生素、矿物质的香蕉及胡萝卜搭配，十分适宜婴儿全面补充营养，适宜 6 个月大的婴儿。

材料：香蕉 50 克，奶酪 15 克，鸡蛋 1 个，婴儿牛奶 30 毫升，去皮胡萝卜 15 克。

鸡汤鱼糊

制作方法：

1. 将去净骨刺的鳜鱼肉煮熟，捞出后再除一次鱼刺，然后把鱼肉捣碎。

2. 番茄洗净，用开水烫一下，剥去皮，切成碎末。

3. 将鸡汤撇去浮油，倒入锅里，加入鳜鱼肉末煮片刻，再加入番茄末、食盐，用小火煮成糊状后起锅，放温后即可食用。

营养小支着：

鳜鱼肉刺少且细嫩丰满，极易消化，含有蛋白质及丰富的钙、磷、钾、镁、硒等营养元素，对于消化功能尚不完善的婴幼儿来说，适量喂食鳜鱼肉既有利于营养补充，又不必担心消化问题。

材料：鳜鱼肉 100 克，番茄 80 克，鸡汤、食盐各少许。

鱼片粥

制作方法:

1. 将鱼肉仔细去净刺,切成小薄片,用熟植物油、姜末和少许食盐拌匀,待用;粳米淘洗干净,用约150毫升清水浸泡1小时。

2. 将粳米连水倒入砂锅中,再加入约350毫升水,用大火烧开,转小火煮粥。

3. 粥刚熟时倒入腌好的鱼片,煮稍沸,加入食盐、香油、葱花,搅匀起锅。

营养小支着:

此粥对孩子脾胃虚弱、气血不足、体倦少食、食欲不振、消化不良等有一定调理作用。要选用细刺少肉嫩、易消化的鱼,如鳕鱼、鳜鱼、黄鱼、鲈鱼、草鱼等,健脑益智、健体强身的功效突出。

材料: 粳米60克,新鲜洗净的鱼肉50克,姜末、葱花各5克,熟植物油、食盐、香油各少许。

鲜香芝麻芋泥

制作方法:

1. 将芋头去皮,清洗干净,切成块,放入开水锅中煮(或蒸)至熟软,研磨成泥状。

2. 加入少量清高汤(或开水)把芋泥调稀一点,再加入熟芝麻、食盐拌匀即可。

营养小支着:

芋头所含的丰富营养物质能增强宝宝的免疫功能,同时可增进食欲,帮助消化。芝麻含有大量蛋白质、糖类、维生素A、维生素E、卵磷脂、钙、铁、镁等营养成分,有保肝护心、养血护肤的功效,可使宝宝的皮肤细腻光滑、红润光泽,有助于防止各种皮肤炎症。

材料: 芋头100克,熟芝麻3克,清高汤15毫升,食盐少许。

果酱蛋奶薄饼

制作方法：

1. 将面粉放入碗内，磕入鸡蛋，搅拌均匀，加入食盐和化开的黄油、牛奶搅匀，放置 20 分钟后再搅拌均匀成为面糊。

2. 小平底锅置火上烧热，淋上一层植物油，倒入一汤勺面糊，使面糊在锅底均匀地摊成饼，待一面烙熟后，翻面再烙另一面。

3. 按同样方法烙熟全部薄饼，然后在每个薄饼上放少许果酱，卷起来切成小段给宝宝吃。

营养小支着：

此饼松软、香甜，含有丰富的蛋白质、碳水化合物和钙、磷、铁、锌及维生素 A、维生素 B_1、维生素 B_2、维生素 D、维生素 E、DHA（二十二碳六烯酸，俗称"脑黄金"）等多种营养素，适宜 11 ~ 12 个月大的婴儿食用。让宝宝自己拿着吃，在进一步锻炼咀嚼能力和手部精细动作的同时，也及时补充了婴儿发育所需的各类营养。

材料：面粉 60 克，鸡蛋 2 个，牛奶 150 毫升，食盐少许，黄油 5 克，果酱、植物油各适量。

苹果牛奶粥

制作方法：

1. 先煮好一锅白粥。

2. 将苹果去皮、去籽，切成一厘米见方的小丁。

3. 在粥内加入适量牛奶，将粥煮开。

4. 将苹果放入粥内，稍煮片刻后盛起。

营养小支着：

牛奶营养成分高，含有钙、磷、铁、锌等多种矿物质。苹果酸甜可口，营养丰富，含丰富的蛋白质、钙、钾及碳水化合物。苹果有生津、润肺，除烦解暑、开胃、止泻的功效。宝宝多吃苹果，不容易感冒。

材料：大米适量，苹果 1 个，牛奶 1 瓶。

金针黄花瘦肉汤

材料:

瘦肉丝100克,水发黄花菜、金针菇各50克,小白菜段30克,姜丝、淀粉、酱油、食盐、花生油各少许,高汤适量。

制作方法:

1. 金针菇去根洗净;瘦肉丝加酱油、淀粉拌匀,腌渍入味。
2. 锅内烧开水,下入瘦肉丝煮至半熟时捞出。
3. 另起锅烧热花生油,爆香姜丝,放入金针菇、黄花菜炒匀,加入高汤烧滚,再放入瘦肉丝、小白菜段,煮至熟时加食盐调味即可。

营养小支着:

瘦肉含有人体生长发育所需的丰富的优质蛋白、脂肪、B族维生素等,易于消化吸收;金针菇是幼儿增智、增强记忆力的理想食物,能有效地增强机体活性,促进新陈代谢。黄花菜和金针菇都含有丰富的钙,搭配瘦肉,有健脑抗衰、养血明目、强健骨骼的功效。

五鲜
海苔卷

材料：

米饭 50 克，菠菜 20 克，
柴鱼片 15 克，鲑鱼片 30 克，
小黄瓜丝 50 克，海苔片 10
克，酱油、沙拉酱各少许。

制作方法：

1. 菠菜下入沸水锅中焯熟，挤干水分；柴鱼片、鲑鱼片分别煮熟，用酱油和沙拉酱拌匀。

2. 海苔片平铺好，每片都放上适量米饭、菠菜、柴鱼片、鲑鱼片、小黄瓜丝，再将海苔片卷成卷即可。

营养小支着：

此海苔卷富含胆碱和钙、铁、磷、碘等多种矿物质和维生素 A、B 族维生素等丰富的维生素及优质蛋白质，常食对促进幼儿神经系统和智力的发育，改善贫血，保护骨骼、牙齿的健康很有帮助，能提高机体的抗病能力。海苔中丰富的碘是人体制造甲状腺素所必需的成分，甲状腺素可以调节新陈代谢、促进幼儿神经系统和智力的发育。

材料：珍珠米 100 克，燕麦 30 克，鲜香菇 5 朵，猪瘦肉末 50 克，豌豆仁、嫩玉米粒各 15 克，高汤适量，食盐少许。

什锦营养饭

制作方法：

1. 珍珠米洗净，浸泡于清水中约 1 小时，沥干水分；鲜香菇洗净，切成小丁。

2. 电饭锅中倒入高汤，放入珍珠米、燕麦，加入香菇丁、猪瘦肉末、豌豆仁、嫩玉米粒，调入少许食盐，煮至米饭熟软即可。

营养小支着：

燕麦含有幼儿生长发育所需的 8 种必需氨基酸和钙、铁、锌等矿物质元素，尤其是含钙量比一般鱼虾都要高，其 B 族维生素的含量也居各种谷类粮食之首，适量给幼儿添加，能很好地清除其体内垃圾，均衡营养摄取。以燕麦、玉米、猪肉、大米搭配组合，有益于改善幼儿的食欲不振、焦躁易怒或注意力不集中等情况。

材料：豆皮 1 张，绿豆芽 50 克，胡萝卜丝 30 克，圆白菜丝 40 克，豆腐干 50 克，食盐、香油、植物油各适量。

蔬菜豆皮卷

制作方法：

1. 豆腐干切成丝；绿豆芽择洗干净。

2. 绿豆芽、胡萝卜丝、圆白菜丝、豆腐干丝用开水烫透，一起装碗，加食盐和香油拌匀。

3. 将拌好的蔬菜豆腐干摊放在豆皮上，卷成卷，下入烧热植物油的锅中，用文火煎至金黄色，切成小段装盘。

营养小支着：

还可用高汤调些芡汁浇在豆皮卷上。豆腐皮凝结了黄豆的营养精华，含有优质蛋白质和多种矿物质，尤其是其可提供丰富的钙，所搭配的绿豆芽、豆腐干、圆白菜等也都富含钙。本菜营养均衡，对促进孩子生长发育有益。

浓香麦片粥

制作方法：

1.大米淘洗干净；葡萄干用温水泡洗一下。

2.粥锅内倒入适量水烧开，放入大米以旺火煮沸，转小火熬煮30分钟至粥稠，放入麦片拌匀，再加入鲜牛奶以中火煮沸，加入白砂糖和葡萄干即可。

营养小支着：

麦片是含钙和维生素A最丰富的谷类食物，磷、铁、锌、硒等矿物质也很齐全；牛奶及乳制品是钙和优质蛋白质的极佳来源。此粥营养全面，可促进骨骼生长发育以及大脑和心血管的健康。

材料：鲜牛奶500毫升，大米、麦片各80克，白砂糖、葡萄干各少许。

海鲜山药饼

制作方法：

1.虾仁切成小丁；鸡蛋取蛋清加少量清水和食盐打至起泡，筛入面粉、山药粉，再加少许植物油调成糊。

2.把虾仁丁、花椰菜末、玉米粒、葱花加入调好的糊中拌匀。

3.平底锅烧热植物油，舀入部分面糊，摊成饼并煎熟即可。

营养小支着：

山药中含消化酶，能促进蛋白质和淀粉的分解，能改善消化不良，还具有补脾、益肾、养肺、止泻、敛汗的功效，但发烧、咳嗽痰多和怕冷的宝宝不宜多吃。

材料：面粉100克，山药粉250克，鸡蛋2个，净虾仁、玉米粒各50克，花椰菜末20克，植物油、食盐、葱花各少许。

27

菜花豆腐汤

制作方法:

1. 豆腐洗净,切成小方块;菜花泡洗干净,切成小朵;虾皮用温水泡发。

2. 锅内倒入鲜汤烧开,下葱末、姜末煮开,加入菜花、豆腐块、虾皮煮透,调入食盐、香油即可。

营养小支着:

适当多吃菜花可增强肝脏解毒能力,提高机体的免疫力,可预防感冒。虾皮中钙含量极高,再加上含钙也较多的豆腐和菜花,使此汤可以作为孩子的补钙食谱选用。

材料:豆腐150克,菜花100克,虾皮20克,葱末、姜末各10克,鲜汤适量,食盐、香油各少许。

鲜炒蛋清

制作方法:

1. 鸡蛋取蛋清,加食盐打匀至起泡;虾米泡水至软,取出后切成碎末。

2. 炒锅烧热,用1匙植物油将打好的蛋清炒成棉花状,盛盘。

3. 原锅再放少许植物油,爆香虾米末,加葱花火腿末和少许食盐炒匀,铺在炒好的蛋白上即可。

营养小支着:

鸡蛋清富含蛋白质及人体必需的8种氨基酸及少量胶质,不仅可以使皮肤变白、变细嫩,还具有清热解毒的作用。虾米含有丰富的蛋白质和钙,对幼儿身体和智力的发育很有帮助。

材料:鸡蛋4个,虾米10克,火腿末15克,葱花5克,食盐少许,植物油适量。

夹心荸荠

制作方法：

1. 荸荠去皮洗净，每个切成 3～4 片；猪肉末中加入鸡蛋清、食盐、料酒、葱末、姜末、植物油拌成馅，挤成与荸荠片大小相仿的丸子。

2. 荸荠片沾上淀粉，每两片中间夹一个丸子，按扁即夹心荸荠。

3. 把夹心荸荠摆盘，蒸熟；鸡汤烧开，加入少许食盐调味，用剩余淀粉调汁勾芡，浇在蒸好的夹心荸荠上。

营养小支着：

荸荠含磷是根茎类蔬菜中较高的，能促进生长发育和维持生理功能，对牙齿、骨骼的健康有益，同时可促进体内的糖、脂肪、蛋白质的代谢，调节酸碱平衡。

材料：荸荠200克，猪肉末150克，1个鸡蛋的蛋清，淀粉20克，料酒、葱末、姜末、食盐、植物油各少许，鸡汤适量。

豆腐脑素三鲜

制作方法：

1. 香菇去蒂洗净，切成小块；水发木耳撕成小片。

2. 锅中倒入植物油烧热，爆香香菇块，放入水发木耳片同炒，添入适量水烧开，再放入西红柿块用小火翻炒，调入食盐、胡椒粉，用湿淀粉勾芡烧开。

3. 将豆腐脑放入锅内，煮开后熄火，撒入香菜末即可。

营养小支着：

豆腐脑和木耳都含有丰富的钙，搭配食用，有促进骨骼健康的作用。

材料：豆腐脑200克，西红柿块100克，香菇100克，水发木耳20克，香菜末15克，食盐3克，胡椒粉2克，湿淀粉30克，香油、植物油各适量。

洋葱烧猪扒

制作方法：

1. 猪扒肉拍松，切片，加入鸡蛋、干淀粉、食盐拌匀。
2. 锅中烧热植物油，放入猪扒肉片滑油至变色后倒出；用料酒、酱油、食盐、高汤调成味汁。
3. 锅留底油，炒香洋葱丝，加入味汁、猪扒同烧，待汤汁渐干时用湿淀粉勾芡即可。

营养小支着：

洋葱含蛋白质、粗纤维、钙、磷、铁、锌和丰富的维生素，有很强的杀菌能力，有助于防治骨质疏松。

材料：洋葱丝 100 克，猪扒肉 200 克，鸡蛋 1 个，料酒、酱油各 10 毫升，干淀粉 10 克，湿淀粉 10 克，高汤 100 毫升，植物油适量，食盐少许。

香甜牛奶蛋

制作方法：

1. 将鸡蛋的蛋清与蛋黄分开，把蛋清打至起泡，待用。
2. 在锅内加入牛奶、蛋黄和白砂糖，混合均匀后用微火稍煮一会儿，再用勺子把调好的蛋清舀入牛奶蛋黄内，煮熟即成。

营养小支着：

牛奶所含的脂肪与母乳相近，而蛋白质却高于母乳，含有全部人体必需的氨基酸，钙含量也较高；鸡蛋含有人体所需要的几乎所有营养物质，但含钙却相对不足。牛奶和鸡蛋搭配营养互补，对宝宝骨骼、大脑的发育均很有益。

材料：鸡蛋 2 个，牛奶 150 毫升，白砂糖 10 克。

番茄奶酪豆腐

制作方法：

1. 番茄、豆腐洗净，切好。
2. 豆腐放入锅中，煎到两面呈金黄色。
3. 把番茄和奶酪倒入锅中，搅拌均匀，炒熟即可。

营养小支着：

番茄含有丰富的胡萝卜素、维生素 C 和 B 族维生素。豆腐中含有豆类的营养，均可促进宝宝健康成长。

材料： 番茄 2 个，豆腐 4 块，奶酪适量。

口蘑豆腐浓汤

制作方法：

1. 小白菜择洗后切成小片；嫩豆腐洗净，切成小块；口蘑切成小块；番茄放入沸水中焯烫后去皮，切成丁。
2. 锅中烧热植物油，下入番茄丁、口蘑块略炒，放入高汤、嫩豆腐块煮沸，再加入小白菜煮熟，加食盐调味即成。

营养小支着：

这款汤非常适合幼儿食用，多种食物组合，富含优质植物性蛋白质、维生素 A、B 族维生素和多种矿物质，尤其是豆腐、小白菜和口蘑中都含有大量的钙，能促进宝宝骨骼健康发育，增强造血功能，还对维持宝宝大脑功能和精神状态稳定有益。

材料： 小白菜 100 克，鲜口蘑 6 朵，番茄 1 个，嫩豆腐 1 块，高汤 500 毫升，食盐、植物油各少许。

胡萝卜蒸牛肉末

材料：

胡萝卜100克，嫩牛肉50克，鸡蛋1个，葱姜汁、食盐、湿淀粉、植物油各少许。

制作方法：

1. 胡萝卜去皮洗净，切成丝；嫩牛肉洗净，剁成细末。

2. 炒锅放入植物油烧热，倒入胡萝卜丝炒熟，盛出待凉后研磨成胡萝卜泥。

3. 把嫩牛肉末盛入蒸碗内，加入少许植物油、葱姜汁、食盐和鸡蛋调匀，再加入胡萝卜泥和湿淀粉搅拌均匀，放入烧开了水的蒸锅中蒸熟即可。

营养小支着：

胡萝卜能提供丰富的胡萝卜素，在人体内可转化为维生素A，具有促进机体正常生长发育和维持上皮组织健康、防止呼吸道感染及保护眼睛等功能。给幼儿食物中适量添加胡萝卜，能增强其免疫力，保护多种脏器，促进食欲和消化。牛肉富含人体需要的氨基酸，消化吸收率高，对幼儿生长发育、补充营养及调养虚弱十分有益，但幼儿的消化能力还较弱，一定要选嫩牛肉或小牛肉。

蛋清鲜奶干贝

材料:

鲜奶150毫升,干贝50克,鸡蛋清100克,植物油、大葱、姜、食盐、白砂糖、湿淀粉、味精、香油各适量。

制作方法:

1.将大葱洗净打成结状,姜洗净切片,将干贝剥去老筋后洗净。

2.加水将干贝和葱姜浸没,上笼蒸熟,除去葱姜。

3.把蛋清、鲜奶、食盐、湿淀粉放入碗内,轻轻搅匀成蛋奶液。

4.将锅洗净烧热,放油,烧至五成熟时,即可把蛋奶液轻轻倒入锅中,并用菜勺轻轻推动,待靠近锅底受热成片的蛋奶逐步浮起后,就倒出沥油。

5.原锅内留少许油,下葱姜,煸出香味,加入蒸干贝的原汁,再捞出葱姜;加食盐、白砂糖、味精及蒸好的干贝,烧沸后,再放蛋奶片,用湿淀粉勾芡,淋上香油上光即可。

营养小支着:

蛋奶卤滑嫩,色泽淡雅清爽,滋味鲜咸,奶香味浓。干贝富含蛋白质、糖类、维生素 B_2 和钙、磷、铁等多种营养成分,其蛋白质含量为鸡肉、牛肉、鲜对虾的3倍。矿物质的含量远在鱼翅、燕窝之上。另外,干贝含丰富的谷氨酸钠,味道极鲜,很容易勾起幼儿的食欲。

鸡汤虾仁炖豆腐

制作方法：

1. 鲜虾仁挑去泥肠，洗净后沥干水分，切成丁。

2. 嫩豆腐放入滚水中焯一下，捞起切成小块。

3. 锅内放入植物油烧热，放入豆腐块炒两下，加入鸡汤、食盐、儿童酱油煮沸，下入虾仁丁煮熟，用湿淀粉勾芡，再淋入打匀的鸡蛋液拌匀，稍煮即成。

营养小支着：

幼儿身体发育迅速，要多提供含丰富蛋白质、钙、铁和足量维生素的食物，此菜是很好的选择，对促进宝宝食欲也很有帮助。虾肉蛋白质含量高，脂肪少，还含有丰富的矿物质及维生素 A、维生素 D 等成分，对促进宝宝的发育、骨骼的成长、保护心血管系统十分有益。

材料：嫩豆腐 150 克，鲜虾仁 60 克，鸡蛋 1 个，鸡汤 80 毫升，食盐、儿童酱油、湿淀粉各少许，植物油适量。

紫菜卷

制作方法：

1. 猪肉泥中加入胡萝卜末、青豆、玉米粒和开水烫过的虾皮拌匀，调入所有调料拌匀制成馅儿。

2. 烤紫菜平铺，将肉馅儿挤成条状放在紫菜上，卷成紫菜卷生坯。

3. 将紫菜卷生坯上蒸笼蒸熟，取出待凉后切成片，放入刷了花生油的热锅中煎至上色即可。

营养小支着：

紫菜、虾皮中含有丰富的钙、铁及碘、磷等矿物质，做成紫菜卷更可促进宝宝的食欲和营养补充，有益于生长发育。

材料：烤紫菜 50 克，猪肉泥 200 克，胡萝卜末 100 克，熟青豆 30 克，虾皮 10 克，熟嫩玉米粒 15 克，食盐、酱油、花生油、胡椒粉各少许。

香炸排骨

制作方法:

1. 猪肋排剁成小块,洗净;鸡蛋磕出搅散。
2. 把猪肋排块放入碗内,加入鸡蛋液、食盐、料酒、胡椒粉、面包糠裹匀。
3. 植物油入锅烧热,逐一下入猪肋排块,以中火炸至熟透,滤油后装盘。

营养小支着:

猪肋排可提供人体生理活动必需的优质蛋白质、脂肪,尤其是丰富的钙质有利于维护骨骼健康。注意要选用骨架小的嫩排骨,块一定要切得小一些。猪肋排块不可用热水清洗,否则会造成营养流失,影响口味。

材料: 猪肋排 500 克,鸡蛋 1 个,面包糠 60 克,胡椒粉、食盐、料酒各少许,植物油适量。

玉米笋虾丸

制作方法:

1. 虾仁剁成泥;娃娃菜洗净,烫熟后盛盘;玉米笋切成小段。
2. 荸荠末、火腿末、虾泥和猪肉末混合,加入葱姜汁、鸡蛋清、食盐、鸡汁、湿淀粉拌成馅,挤成丸子,放在抹油的盘内,插上玉米笋,上笼蒸熟,放在娃娃菜上。
3. 锅烧热植物油,烹入鸡汤、食盐烧开,用湿淀粉勾芡,浇在虾肉丸上即可。

营养小支着:

滑嫩鲜香、美味可口的丸子会让宝宝特别有食欲。荤素搭配,营养丰富,尤其是可提供优质蛋白质、维生素 D 和铁、钙、磷等,其中虾仁、玉米笋、娃娃菜中都含有丰富的钙,营养搭配更利于吸收。

材料: 净虾仁 200 克,猪肉末 100 克,娃娃菜、荸荠末各 60 克,玉米笋、火腿末各 30 克,2 个鸡蛋的蛋清,葱姜汁、鸡汁各 10 毫升,食盐、湿淀粉、植物油、鸡汤各适量。

材料：排骨600克，黄豆芽300克，番茄100克，食盐适量。

番茄豆芽排骨汤

制作方法：

1. 番茄洗净切块；黄豆芽择洗干净；排骨洗净后斩成小块，入沸水中焯一下。

2. 排骨块入锅，加适量水用大火煮沸，改小火炖30分钟。

3. 加入黄豆芽、番茄块，继续炖至排骨熟烂，加食盐调好味即成。

营养小支着：

黄豆芽中的营养有利于人体吸收，营养更胜绿豆一筹。黄豆在发芽的过程中，更多矿物质被释放出来，增加了矿物质的人体利用率和钙的吸收。黄豆芽和排骨组合，经常食用可强健骨骼、消除疲劳。

材料：嫩牛肉50克，生菜50克，豆腐50克，火腿20克，午餐肉30克，鸡蛋1个，葱末、酱油、湿淀粉、食盐、香油、高汤各适量。

四鲜牛肉羹

制作方法：

1. 嫩牛肉洗净，切成粒；生菜、豆腐均洗净，与火腿、午餐肉都切成丁，把豆腐丁、火腿丁汆水后沥干。

2. 炒锅置火上，加入高汤，放入嫩牛肉粒、火腿丁、午餐肉丁，烧沸后去尽浮沫。

3. 加入豆腐丁、食盐、酱油稍煮，再下入生菜丁和鸡蛋清拌匀，用湿淀粉勾芡，淋上香油，撒上葱末即可。

营养小支着：

牛肉中的肌氨酸含量高，它对增长肌肉、增强力量特别有效，还可以提高人的智力，同时含有丰富的蛋白质及锌、镁、铁等微量元素，可增强人体免疫力，对身体瘦弱、贫血有很好的调理作用。牛肉中维生素D含量丰富，能促进人体对钙与磷的吸收，强化骨骼及牙齿，可预防佝偻病，宝宝适当食用有助于营养均衡和生长发育。

胡萝卜麦粉糊

制作方法：

1. 将胡萝卜洗净后去皮，切成小块，放入小锅中加水煮熟后捞出，沥干水分，再研磨成泥状。

2. 使用婴儿麦粉罐中所附量匙，量取 1 匙婴儿麦粉，与婴儿牛奶一起拌匀，再加入胡萝卜泥，拌匀即可。

营养小支着：

胡萝卜所含的胡萝卜素是身体正常生长发育的必需物质，有助于细胞增殖与生长，可补肝明目，对促进生长发育有重要意义，还有助于提高婴儿的抗病能力。胡萝卜和配方奶、麦粉搭配，增加了优质蛋白质的含量，提高了营养利用率。这款辅食适合 5 个月以上的宝宝食用。也可用煮胡萝卜的汤汁来调制麦糊。

材料： 胡萝卜 60 克，婴儿牛奶（或温开水）60 毫升，婴儿麦粉 1 匙。

果蔬蛋黄牛奶糊

制作方法：

1. 鸡蛋煮熟，用冷水浸一会儿，去壳，取出鸡蛋黄，压磨成泥状。

2. 香蕉去皮，取果肉用羹匙压磨成泥；胡萝卜用开水煮熟，研磨成胡萝卜泥。

3. 把鸡蛋黄泥、香蕉泥、胡萝卜泥混合奶酪拌匀，再加入婴儿牛奶调匀成糊即可。

营养小支着：

婴儿习惯喝母乳，所以刚开始给婴儿添加辅食时，口味与母乳越接近越好。奶酪和婴儿配方牛奶都含有丰富的钙质和优质蛋白质，与富含淀粉、糖分、各类维生素、矿物质的香蕉及胡萝卜搭配，十分适合 6 个月的宝宝全面补充营养。

材料： 香蕉 50 克，奶酪 15 克，鸡蛋 1 个，婴儿牛奶 30 毫升，胡萝卜（去皮）15 克。

材料：鸡蛋3个，牛奶50毫升，番茄丁30克，小黄瓜丁60克，奶酪50克，玉米粒、番茄酱、植物油各适量，食盐少许。

茄汁什锦奶酪蛋盒

制作方法：

1. 将鸡蛋打入碗内，加食盐、牛奶搅匀；奶酪切成小丁；玉米粒用开水烫透。

2. 平底锅内放入植物油烧热，倒入适量蛋液，转动锅让蛋液均匀分散，摊成薄厚一致的蛋饼。

3. 待蛋液开始凝固时，加入适量奶酪、番茄丁、小黄瓜丁和玉米粒，用锅铲将蛋饼卷成半月形，合好口，转小火，慢慢翻动，让馅儿中的奶酪化开，同时将蛋卷表面煎至金黄色，淋上番茄酱即成。

营养小支着：

鸡蛋和牛奶是提供优质蛋白质和矿物质的最佳食物，可维持宝宝生长发育及增强免疫力；而奶酪、番茄、小黄瓜和玉米粒作为馅心，又可提供各类丰富的维生素和充足的钙、磷、铁、锌。此菜多种食物搭配合理，有益于幼儿的皮肤、骨骼、牙齿和心血管的健康。

材料：猪瘦肉50克，番茄2个，豆腐一块，花生油、食盐、味精、大葱、姜、淀粉各适量。

番茄肉末炒豆腐

制作方法：

1. 将猪瘦肉洗净，剁碎成肉末；豆腐切成小方丁；番茄洗净，去皮去籽，切成块，备用。

2. 锅入油烧热，先下葱、姜炒香，随即下猪肉末，炒后取出备用。

3. 用余油炒番茄，快炒几下，立即将豆腐块放入，并加酱油、食盐，再加上炒好的肉末，一同炒熟；烧至豆腐入味，用淀粉勾芡，即成。

营养小支着：

番茄肉末炒豆腐，富含胡萝卜素、维生素 B_1、维生素 B_2、烟酸、维生素C、维生素K、维生素P等，特别是维生素C，每100克可食部分含有8毫克，还含有苹果酸、柠檬酸、番茄碱、蛋白质、脂肪、糖类、膳食纤维、钙、磷、铁等。肉烂且细，豆腐番茄软烂，整道菜软嫩，味道也很好。儿童常吃此菜，对保健防病有极好的作用。

柠汁鱼球

制作方法：

1. 柠檬切片后挤汁，柠檬片留用；鲮鱼肉剁成蓉，加料酒、食盐、柠檬汁拌匀，再加入鸡蛋清、淀粉拌匀。

2. 取蒸盘抹上植物油，用挖球器将鱼蓉挖成球盛盘，蒸 20 分钟。

3. 锅中烧热少许植物油，加入米醋、姜汁、柠檬片、食盐、白砂糖和少许水烧沸，用湿淀粉勾芡，取汁浇在鱼肉丸上即可。

营养小支着：

此菜酸甜可口，嫩滑鲜美。鲮鱼肉细嫩鲜美，富含丰富的蛋白质、维生素A、钙、镁、硒等营养素，有益气血、健筋骨、改善脾胃虚弱之效。柠檬气味芳香，能增鲜提味，使口感更加细嫩鲜美。

材料：净鲮鱼肉300克，1个鸡蛋的蛋清，柠檬30克，植物油15毫升，料酒、米醋、食盐、淀粉、湿淀粉、白砂糖、姜汁各适量。

海带煎蛋

制作方法：

1. 海带洗净，挤干水分后切成小块，装碗后加入红甜椒粒、食盐、胡椒粉拌匀。

2. 鸡蛋磕入碗中打散，加入拌好的海带块、红甜椒粒和少许食盐搅匀。

3. 炒锅中加植物油烧热，倒入拌好的海带蛋液，煎炒至熟即可。

营养小支着：

海带是补碘的极佳食物，还富含钙，与鸡蛋入菜，可为身体补充钙，还能促进宝宝的大脑功能，增强记忆力。

材料：水发海带50克，鸡蛋3个，红甜椒粒30克，植物油适量，食盐、胡椒粉各少许。

千张肉卷

材料：

千张2张，猪肉200克，鸡蛋3个，面粉30克，淀粉20克，香油、姜葱汁、食盐、酱油、植物油各适量。

制作方法：

1. 猪肉洗净后剁成细蓉，加入1个鸡蛋、5克淀粉和食盐、姜葱汁、酱油、香油拌匀成馅；剩下的2个鸡蛋磕入碗内打成蛋液，加面粉、10克淀粉和少量清水调成蛋糊。

2. 千张摊放在案板上，撒上剩余的淀粉，将猪肉馅儿分放在两张千张上抹平，卷成长卷，入锅蒸至八成熟。

3. 炒锅置中火上，倒入植物油烧至五成热，将肉卷抹匀蛋糊，入锅炸至色金黄并熟透，捞起沥油，改切成小段即可。

营养小支着：

千张中富含优质蛋白质和多种矿物质，特别是能补充钙质，可防止因缺钙引起的骨质疏松，促进孩子骨骼的生长发育，对小儿、老人的骨骼健康极为有利，还能保护心血管健康。烹调手法的多变使食物口味更为丰富，很适宜儿童进食，还有利于预防偏食。

珍珠糯排骨

材料：

糯米50克，猪肋排300克，青甜椒粒、红甜椒粒各15克，姜末5克，食盐、儿童酱油、熟猪油、湿淀粉、鸡汤各适量。

制作方法：

1. 糯米先用冷水浸泡5小时；猪肋排洗净，斩成小块，加食盐、姜末、儿童酱油拌匀，腌渍入味后逐块沾匀糯米，装盘，入蒸锅蒸熟。

2. 烧锅内倒入熟猪油烧热，加入鸡汤及青甜椒粒、红甜椒粒炒匀，调入食盐，用湿淀粉勾芡烧开，浇在蒸好的糯米排骨上。

营养小支着：

猪肋排可维护骨骼健康，还有滋阴、润燥、补血的功效，常食排骨对气血不足、身体虚弱有很好的调理作用；糯米能补中益气、健脾养胃，对调理孩子食欲不佳、腹胀、尿频有益。

材料：鲜虾仁40克，鸡蛋1个，豆腐30
克，淀粉、植物油、鲜汤、食盐、
鸡汁、芝麻香油各少许。

蛋皮虾仁如意卷

制作方法：

1. 将鸡蛋在碗中打散，虾仁剁成泥状，调入豆腐、食盐、淀粉和芝麻香油拌匀成馅料，待用。
2. 中火烧热煎锅，在锅底抹少量的油，倒入蛋液将其煎成薄蛋皮，取出。
3. 将调好的馅料均匀地铺在蛋皮上，然后从一头卷起，将其卷成卷儿。
4. 将卷好的蛋皮卷码入盘中，放入蒸锅中用大火蒸10分钟，取出，食用前切成小段即可。

营养小支着：

鸡蛋和虾仁都是富含优质蛋白质的食物，且两者含钙量都很丰富，加上蔬菜中的各种营养成分的搭配，特别适合2~3岁的成长期儿童食用。

材料：牛奶150毫升，鸡蛋2个，虾米
10克，香菇末15克，猪肉末30克，
食盐、植物油各少许。

三色蒸牛奶

制作方法：

1. 虾米用清水泡洗净。
2. 鸡蛋打入牛奶内搅拌均匀，上笼蒸约2分钟。
3. 把猪肉末、香菇末、虾米均匀地撒在鸡蛋牛奶上，调入食盐、植物油，继续蒸至熟透即可。

营养小支着：

牛奶和虾米中的含钙量非常高，搭配多种食物，使成菜营养全面，易于消化，利于营养全面摄入，有增智力、壮体力、强筋骨的作用。也可再加入一些切碎的绿色的蔬菜。

蒜蓉粉丝蒸扇贝

制作方法：

1. 将扇贝用牙刷刷干净外壳，用小刀伸进去把扇贝撬开，留下有肉的半边，沿着壳壁把贝肉取下。贝肉后面的内脏要去除，裙边下面的鳃也要去除。
2. 粉丝泡软后，取适量放在扇贝上，摆进蒸锅，上气后 2~3 分钟就行了。
3. 起锅把植物油烧热，煸香蒜蓉、姜蓉，加入葱花、食盐、生抽、豉油、蚝油等，炒成蒜蓉酱汁。
4. 将蒸好的粉丝和扇贝装盘，将蒜蓉酱汁浇上去就可以了。

营养小支着：

扇贝的营养十分丰富，是高蛋白、低脂肪的贝类，是补钙、补铁的佳品。粉丝选用绿豆粉丝，有清热解毒的功效，此菜适合夏季食用。适宜脾胃虚弱、营养不良、食欲不振、消化不良、各种痛症的患者食用。

材料： 扇贝 150 克，绿豆粉丝 20 克，蒜蓉、姜蓉、葱花、植物油、食盐、生抽、豉油、蚝油各适量。

炸双鲜豆腐丸

制作方法：

1. 豆腐洗净后压磨成泥；猪绞肉放入盆中搅打至有黏性，加入豆腐泥、淀粉、姜末、食盐拌匀。
2. 将手掌略沾湿，捏取豆腐肉泥挤成肉丸，放至抹好香油的蒸盘中。
3. 把做好的豆腐肉丸放入蒸锅中，用大火蒸熟即成。

营养小支着：

豆腐中含有丰富的蛋白质、大豆卵磷脂和铁、钙、镁，有益于神经、血管、大脑的生长发育，对小儿骨骼与牙齿生长有特殊意义；镁还对心肌有保护作用。用豆腐和肉末搭配在一起做丸子，有利于幼儿适应各种食物和促进咀嚼能力的提高。

材料： 豆腐 1 块，猪绞肉 50 克，淀粉 15 克，姜末、食盐、香油各少许。

材料： 青菜1株，鸡蛋黄1个（煮熟），
豆腐1块，淀粉、食盐、葱、姜各
少许。

花豆腐

制作方法：

1. 将豆腐煮一下，放入碗内研碎；青菜叶洗净，
用开水烫一下，切碎后也放在碗内，加入淀粉、
食盐、葱、姜、水搅拌均匀。

2. 将调味后的青菜碎豆腐泥倒在蒸碟上，再把鸡
蛋黄研碎撒在豆腐泥表面，放入蒸锅内蒸10分
钟即可。

营养小支着：

这道菜含有丰富的蛋白质、脂肪、碳水化合物及维
生素 B$_1$、维生素 B$_2$、维生素 C 和钙、磷、铁等矿
物质。豆腐柔软，易被消化吸收，能促进婴儿生长，
是老少皆宜的高营养食品，鸡蛋黄含有丰富的铁和
卵磷脂，对提高婴儿血色素和健脑极为有益。

材料： 土豆150克，海苔5克，奶油15克，
食盐少许。

奶香海苔拌土豆

制作方法：

1. 将土豆去皮，切成稍大一些的丁，用水浸泡片
刻，倒入锅中，加入食盐和适量清水，置火上煮；
把海苔切成碎粒。

2. 待土豆煮至熟透软糯后倒掉汤汁，转大火并摇
晃锅，将水分烘干，趁温热之际拌入奶油。

3. 撒上海苔粒，让拌匀奶油的土豆丁表面沾满海
苔粒即可。

营养小支着：

海苔富含胆碱和钙、铁、碘，能增强记忆力，改
善贫血，促进骨骼、牙齿的生长和健康，提高机
体的抗病能力。土豆是非常适合幼儿的食物，含
多种维生素和微量元素，易于消化吸收，能健脾
和胃，对防治小儿便秘很有助益。

鲜汁干丝

制作方法：

1.豆腐干切丝，用开水烫一下，沥水待用；海米用开水泡发；瘦肉丝加料酒、食盐、淀粉拌匀。

2.锅内加植物油烧至五成热，下瘦肉丝炒熟备用。

3.锅内留底油，下姜末、葱末炒香，加入高汤、豆腐干丝、韭菜段、瘦肉丝、海米炒匀，调入食盐、味精炒匀即可。

营养小支着：

豆腐干和海米都含有多种矿物质，尤其是能提供丰富的钙质，有益于促进骨骼发育，防止体内缺钙。

材料：豆腐干6块，瘦肉丝100克，高汤、植物油、韭菜段、海米、姜末、葱末、料酒、淀粉、味精、食盐各适量。

玉米煎饼

制作方法：

1.将玉米粒、鲜奶、面粉混合，加白砂糖和少许水拌匀制成玉米面糊。

2.将玉米油倒入平底锅加热，倒入适量玉米面糊，摊成饼，煎至两面金黄色熟透后起锅。

3.根据宝宝的口味把果酱抹在玉米饼上食用。也可以不抹果酱。

营养小支着：

玉米营养全面，能增进食欲，预防便秘。与牛奶、面粉组合做成饼，可作为主食，能摄取充足的钙、蛋白质，有利于儿童健康发育。

材料：玉米粒150克，鲜奶1杯，面粉150克，玉米油、白砂糖各少许，果酱适量。

清蒸虾仁蛋卷

制作方法：

1. 将虾仁剁碎，加入猪肉末、鸡蛋清、葱末、姜末、食盐和香油拌成馅儿。

2. 将2个鸡蛋打散，加入湿淀粉拌匀，用少许色拉油烧热摊成2张蛋皮，铺平，均匀地放上调好的虾馅儿，卷成蛋卷。

3. 在蒸盘里抹匀色拉油，放上虾肉蛋卷，再放入蒸锅以大火蒸熟，起锅切成小段即可。

营养小支着：

此菜营养、美味，可作点心或配菜。幼儿期的宝宝吃饭不好十分常见，多变换一些做法和花样来做食物，对打开小家伙的胃口很有帮助。猪肉末宜用猪里脊肉或七八成瘦的五花肉来剁制。

材料： 虾仁200克，猪肉末50克，鸡蛋2个，1个鸡蛋的蛋清，湿淀粉、葱末、姜末、食盐、香油、色拉油各适量。

糖醋红曲排骨

制作方法：

1. 猪排骨剁成小块，洗净后加料酒、香料粉、姜末、食盐拌匀，腌渍20分钟。

2. 锅中烧热植物油，下入猪排骨块炸至五成熟时捞出沥油。

3. 锅中烧开适量水，投入猪排骨块，加入儿童酱油、白砂糖、香醋、红曲以文火炖至烂熟，用旺火收汁，撒上葱花即可。

营养小支着：

大部分孩子都喜欢吃排骨，将其做成糖醋口味则更开胃，增食欲。排骨加上有健脾消食、活血化瘀作用的红曲，可促进学龄前儿童骨骼健康的发育。

材料： 猪排骨400克，红曲5克，料酒、香醋、白砂糖、儿童酱油、食盐、香料粉、葱花、姜末各少许，植物油各适量。

鱼泥蛋饼

制作方法：

1. 将鸡蛋打入碗里，搅拌均匀加食盐调味。
2. 净鱼肉剁成泥，加入鸡蛋液中，再放入葱末、胡椒粉、香油搅拌成稀糊状。
3. 平底锅置火上，放入花生油烧热，把鱼肉蛋糊放进锅里摊匀，用铲子压成饼状，以小火煎至熟透，切成块，盛盘。

营养小支着：

幼儿期是人体大脑神经发育的重要阶段，食物中供给充足的优质蛋白质及丰富的微量元素直接关系着幼儿的健康发育。鸡蛋、鱼肉组合十分适合幼儿，富含卵磷脂、DHA（俗称"脑黄金"）等大脑发育不可或缺的营养，对增进食欲也很有帮助。

材料： 鸡蛋2个，净鱼肉100克，葱末5克，食盐、胡椒粉、香油各少许，花生油30毫升。

鲜银鱼煎蛋卷

制作方法：

1. 将银鱼泡洗干净，沥干，切得碎一些；鸡蛋打入碗中搅匀，加入银鱼、食盐、香油拌匀。
2. 锅中倒入花生油烧热，倒入拌好的银鱼蛋液摊成蛋饼，煎至半熟时放入葱白末。
3. 用锅铲将蛋饼卷成圆筒状，再以中火煎至熟透，盛出切成小段即可。

营养小支着：

银鱼含钙相当丰富，其他各类营养素亦很全面，加上其鱼骨极为细软，易被人体消化吸收，对孩子的骨骼发育和身体健康很有益。银鱼还可润肺、补脾胃，搭配鸡蛋，很适合体质虚弱、营养不足的孩子食用。

材料： 银鱼50克，鸡蛋3个，葱白末10克，食盐、香油各少许，花生油适量。

宝宝乐
虾饼

材料：

虾仁200克，山药泥50克，
甜椒丁50克，嫩豆腐1块，
鸡蛋1个，熟鸡蛋黄1个，
洋葱末15克，沙拉酱2大匙，
苹果泥10克，淀粉、食盐、
植物油各少许。

制作方法：

1. 将洋葱末泡入开水中1分钟，捞起沥干水分后装碗，加入沙拉酱、食盐、蛋黄、苹果泥拌匀，做成酱料。

2. 嫩豆腐吸干表面水分，切成小丁；虾仁去肠泥洗净，剁成泥后放入盆内，加入山药泥、甜椒丁与豆腐丁一起拌匀，即成虾馅儿；鸡蛋打入碗中，加入淀粉调成鸡蛋糊。

3. 将虾馅儿分成4～5份，用手压扁成小饼，裹上鸡蛋糊，放入烧热了植物油的平底锅中，煎至成熟，装盘后铺上酱料即成。

营养小支着：

虾仁、鸡蛋、豆腐都是优质蛋白质的来源，且富含多种矿物质，是补钙的良好选择，还易于消化吸收，配合山药泥、洋葱末、苹果泥等，使营养更为全面，十分适合幼儿食用。另外，苹果中的维生素C还可促进身体对铁的吸收。给幼儿吃的蔬菜用开水焯过才利于消除有害物质，以防不洁食物影响宝宝的健康。

黄瓜烩鲜虾

材料：

大虾150克，黄瓜丁100克，1个鸡蛋的蛋清，香菜段、湿淀粉、姜葱汁、植物油、鲜汤、食盐、鸡汁各少许。

制作方法：

1. 将大虾去掉头尾，剥壳，处理干净，从其背部中间片成两片，用部分姜葱汁、食盐、鸡汁腌渍入味，再用鸡蛋清、湿淀粉拌匀。

2. 锅内放入植物油，烧至四成热，下入腌好的大虾片滑透，捞出沥油。

3. 锅内留底油，放入剩余的姜葱汁、食盐、鸡汁和鲜汤烧开，放入大虾片和黄瓜丁炒匀，加入香菜段，出锅。

营养小支着：

虾是优质蛋白质的良好来源，含有丰富的钙、钾、碘、镁、磷等矿物质及维生素A、氨茶碱等成分，能防止缺钙，补充镁的不足。黄瓜含有人体生长发育和生命活动所必需的多种糖类、维生素、膳食纤维，能为皮肤、肌肉提供充足的养分，并可防止唇炎、口角炎，还有利尿效果，很适合肥胖儿童食用。此菜对幼儿身体虚弱有很好的调养作用，还能保护心脏及心血管系统的健康。

材料：牛肉丝 30 克，鸡蛋面条 60 克，嫩菠菜梗 20 克，大骨汤适量，食盐少许。

骨汤牛肉面

制作方法：

1. 将嫩菠菜梗洗净，用开水烫一下，切成碎丁；牛肉丝切短；鸡蛋面条用剪刀剪成短一些的段。
2. 大骨汤入锅加热，下入嫩牛肉丝稍煮后捞出。
3. 再下入鸡蛋面条，煮熟，加入嫩牛肉丝、菠菜梗丁，调入食盐再煮片刻即可。

营养小支着：

食用牛肉对增长肌肉、增强力量特别有效，还可提高智力，调养身体。但给幼儿一定要吃嫩牛肉或小牛肉才便于消化，肉丝长度要根据咀嚼能力调整。幼儿生长发育迅速，要注意各种食物的供给搭配，多提供富含蛋白质、钙、铁和多种维生素的食物。

材料：鸡蛋 3 个，婴儿牛奶 30 毫升。

奶香蛋黄泥

制作方法：

1. 将鸡蛋煮熟后捞起，浸泡入冷水中，待稍凉后剥去蛋壳，取蛋黄备用。
2. 用汤匙或研磨棒将蛋黄压磨成泥状，加入婴儿牛奶，拌匀即可。

营养小支着：

蛋黄中含有丰富的卵磷脂、钙、磷、铁及维生素 A、维生素 D、B 族维生素等营养物质，同时含有较多的高生物价蛋白质，有助于健脑益智，宁心安神，增强宝宝的免疫力。在婴儿满 4 个月后就可以开始喂食蛋黄，但应从 1/4 个开始喂。在宝宝逐渐适应后，再慢慢增加蛋黄的分量。一般到宝宝 7 个月时，每天可添加到 1 个蛋黄。

大骨汤拌土豆泥

制作方法：

1. 将土豆去皮洗净，切成小块，放入锅内，加适量水煮至烂熟，捞出后用汤匙捣碎压磨成细泥状。

2. 把土豆泥盛入小碗内，加入火腿末、大骨汤，搅拌均匀即可。

营养小支着：

土豆是低热量、高蛋白的根茎类食物，含有较多的糖类、磷、钙、维生素C、膳食纤维，能帮助身体生成能量，对幼儿消化不良的调理很有帮助。孩子刚断奶时，食物还应细、软、烂一点，以易消化、多品种和营养丰富为根本，尽量适合孩子的口味。

材料： 土豆150克，火腿末150克，大骨汤适量。

骨汤白菜粥

制作方法：

1. 取白菜心洗净，切成末；大米淘洗干净，用清水浸泡1～2个小时。

2. 粥锅内加入200毫升水，置火上烧开后加入大米，煮片刻后转用小火煮30分钟，加入切好的嫩白菜心，再煮10分钟，调入食盐和熟植物油即可。

营养小支着：

6个月以上的宝宝，添加蔬菜煮粥喂食很适宜，小白菜、菠菜、小油菜、卷心菜、苋菜、胡萝卜等新鲜的蔬菜都可选用，或者再加入一点蛋黄、鱼肉或肉末，以增加营养的全面性。要循序渐进，让宝宝逐一适应，逐步接受。

材料： 嫩白菜心30克，大米（或小米）30克，熟植物油、食盐各少许。

紫菜豆腐羹

制作方法：

1. 紫菜洗去泥沙，用清水浸开，再用沸水焯一下，挤干水分后撕成条。

2. 锅内放入植物油烧热，下入番茄块略炒，加入适量水烧沸，加入豆腐丁与紫菜条同煮，以淀粉混合鸡蛋和少许水搅匀，倒入煮沸的紫菜豆腐汤内，调入食盐即可。

营养小支着：

此羹营养全面，有利于骨骼的健康生长发育。紫菜等海藻食物富含碘，碘是甲状腺素的基本元素，对生长发育及新陈代谢极为重要。

材料：紫菜20克，豆腐丁200克，番茄块100克，鸡蛋1个，淀粉、植物油、食盐各适量。

奶香冰糖苹果粥

制作方法：

1. 大米淘洗干净，放入锅内，加适量水，置火上煮沸，转小火煮至粥黏米烂后倒入牛奶继续煮。

2. 苹果去皮、核，切成粒，放入粥锅内，加入冰糖再次煮开，用小火再煮2分钟即成。

营养小支着：

苹果有丰富的营养素和怡人的清香，配上营养丰富且幼儿生长发育必需的牛奶一起煮粥，是一个幼儿饮食逐步过渡和食物补钙的很好的选择。

材料：大米50克，苹果1个，牛奶200毫升，冰糖少许。

鲜味冬瓜卷

制作方法：

1. 绿豆芽去根洗净；冬瓜洗净去瓤，切成片。

2. 豆腐干、胡萝卜、火腿切成丝，与绿豆芽一同放入碗内，加入葱丝、食盐拌匀。

3. 将切好的冬瓜片铺平，放上适量拌好的菜，卷成卷装盘，淋上高汤，上笼蒸熟即可。

营养小支着：

有些孩子偏食是由于体内缺乏某些营养或因吃零食而养成错误的进食习惯。对此在膳食安排上要先尽量适合孩子的口味，多一些花样，并耐心引导孩子和减少零食的供给，慢慢重新培养其养成良好健康的饮食习惯。

材料：冬瓜350克，火腿75克，豆腐干100克，绿豆芽、胡萝卜各60克，葱丝、食盐、高汤各适量。

柠香鳕鱼

制作方法：

1. 鳕鱼肉切成片，加料酒、姜片、食盐腌渍10分钟，用清水冲一下后沥干；柠檬切片取3/4榨取果汁，加少许水调匀，剩余柠檬片备用。

2. 平底锅烧热植物油，放入鳕鱼片，煎至熟透时撒上胡椒粉装盘。

3. 用柠檬片点缀，淋上少许柠檬汁即可。

营养小支着：

柠檬的香味能去除肉类的腥膻之气，使味道更加鲜美。胡椒可去腥味、解油腻、开胃助消化。

材料：净鳕鱼肉300克，姜3片，柠檬1个，料酒、植物油、胡椒粉、食盐各适量。

材料：鲜虾仁50克，卷心菜叶60克，
香油、食盐、鸡汤各少许。

鲜味营养虾泥

制作方法：

1. 把卷心菜叶洗净，下入沸水锅中焯至熟透，捞出沥干，剁碎；鲜虾仁处理干净，剁成泥，放碗内，加入鸡汤，上笼蒸至熟烂。

2. 调入少许食盐、香油，加入菜泥，搅拌均匀即成。

营养小支着：

宝宝食此虾泥可强身壮体、促进发育。虾肉含钙、磷、铁及维生素A、维生素B_1、优质蛋白质等多种营养，对婴儿健康生长非常有利。卷心菜含有丰富的维生素和矿物质，有增进食欲、健胃助消化、预防便秘的作用。

材料：燕麦60克，牛奶250毫升，
鸡蛋1个，细砂糖适量。

燕麦蛋奶粥

制作方法：

1. 锅内放适量清水，煮沸后打入鸡蛋煮成形。

2. 放入燕麦，煮2分钟至软熟。

3. 加牛奶煮开，放入细砂糖，调匀关火，即可食用。

营养小支着：

燕麦中富含钙、磷、铁、锌等矿物质及亚油酸，宝宝食用可以改善贫血、补充钙质。牛奶味甘，性微寒，具有生津止渴、滋润肠道、清热通便、补虚健脾的作用。再加上鸡蛋，口感鲜美，非常糯滑，营养更加丰富。

骨汤芋头米线

制作方法：

1. 大骨汤入锅煮沸，加入芋头丁焖煮至熟软，再加入芹菜末、食盐稍煮，备用。

2. 米线用剪刀剪成长约 1 厘米的小段，下入沸水锅煮熟，捞起沥干水分，放入芋头大骨汤中，拌匀后再稍煮即可。

营养小支着：

这款辅食还可用桂林米粉来做。芋头中矿物质氟的含量较高，有洁齿防龋、保护牙齿的作用，有利于宝宝的牙齿健康。常给宝宝食用此米线，还有益于摄取丰富的钙质和多种维生素。制作时可再加入一些碎菜或肉类，丰富营养的同时让宝宝进一步锻炼咀嚼能力和适应各种食物。

材料：大骨汤 200 毫升，芋头丁 60 克，米线 100 克，芹菜末、食盐各少许。

三鲜豆腐泥

制作方法：

1. 将鲜虾背部切开，除去泥肠，去壳，剥出虾仁洗净，再剁成泥状，加食盐、鸡汁、香油搅拌至起胶。

2. 豆腐洗净，用消过毒的纱布包裹，压成泥状。

3. 将豆腐泥与虾泥混合拌匀，再加入香菇丁和少许食盐拌匀，放入抹了花生油的蒸盘中，再放入到蒸锅中蒸熟，然后加入黄瓜丁拌匀，淋上少许烧热的花生油即可。

营养小支着：

豆腐和虾肉都是良好的钙的食物来源，而虾和香菇中还富含能促进钙吸收的维生素 D。几种营养全面的食物组合在一起，有益于幼儿补钙壮骨，维护身体健康。

材料：豆腐 300 克，鲜虾 100 克，黄瓜丁 50 克，香菇丁 30 克，食盐、鸡汁、香油、花生油各适量。

鲜味虾粒豆腐泥

材料：

鲜虾 100 克，豆腐 200 克，洗净的韭菜 10 克，鸡蛋 1 个，高汤 30 毫升，葱末、姜末、胡椒粉、花生油、香油、食盐各少许。

制作方法：

1. 将鲜虾去头、壳，挑除泥肠后洗净，切成丁；韭菜切成粒；豆腐洗净，焯一下水，剁成泥，加入鸡蛋、高汤、食盐、胡椒粉调匀。

2. 炒锅内放入花生油烧热，下入调好的豆腐泥炒至八成熟，出锅。

3. 原锅中再放入少许花生油烧热，放入葱末、姜末炒香，随即下入虾肉丁煸炒，加入食盐炒香，再倒入豆腐泥、韭菜粒，淋入香油，炒匀即成。

营养小支着：

虾肉、豆腐都含丰富的优质蛋白质和充足的钙、铁、磷、镁、碘等矿物质，有益于幼儿全面摄取营养和促进其健康发育，健脑作用突出。1 岁以后的幼儿，日常食物要保证多样化和营养摄取的全面、均衡，豆制品、鱼虾类是必不可少的，这也有利于其记忆力、想象力和思维分析能力的提高。

鲜蔬薯泥鱼球

材料：

鳕鱼肉 150 克，土豆 200 克，生菜 50 克，鸡蛋 1 个，奶油 10 克，食盐少许，花生油适量。

制作方法：

1. 将鳕鱼肉洗净沥干，用保鲜膜包起，放入微波炉内加热约半分钟，用刀背把鳕鱼肉拍碎。
2. 土豆去皮后洗净，切成块，煮或蒸熟，压磨成泥；生菜用开水烫一下，沥干水分后切碎；鸡蛋磕入碗中打匀。
3. 将拍碎的鳕鱼肉、土豆泥混合，加入食盐、鸡蛋液、奶油、生菜碎充分搅拌均匀，做成若干鱼球。
4. 锅内放入花生油烧热，下入做好的土豆鱼球炸熟，控油后装盘。

营养小支着：

鳕鱼中含有球蛋白、白蛋白和人体生长发育必需的多种氨基酸、不饱和脂肪酸及钙、磷、铁、镁、锌等丰富的矿物质元素，口味鲜美，易消化吸收，与土豆、鸡蛋等组合，非常有助于提高幼儿的食欲，平衡营养，还能促进大脑健康发育，增进智力。

三鲜炒鸡

制作方法：

1. 山药条、莴笋条、胡萝卜条下入开水锅内煮至七成熟，捞出沥干；鸡肉条用少许食盐拌匀。

2. 炒锅中放入花生油烧热，下姜丝、鸡肉条快炒至将熟，加入山药条、莴笋条、胡萝卜条炒匀，调入食盐炒入味即可。

营养小支着：

吃莴笋可刺激消化酶分泌，增进食欲，还对调节神经系统功能、促进骨骼和牙齿健康有益。本菜多种食物科学搭配，可强身体，增体力。

材料： 山药条、莴笋条、胡萝卜条、鸡肉条各50克，姜丝、食盐、花生油各少许。

香滑烧鲈鱼

制作方法：

1. 鲈鱼杀洗后切成块，加食盐、料酒、淀粉码味；西蓝花洗净，切小朵，炒熟后摆盘。

2. 锅中放入花生油烧热，下入鲈鱼块炸熟后捞出。

3. 锅留底油，下香菇块和胡萝卜片炒香，加入鲈鱼块、鲜汤、食盐、胡椒粉烧至收汁，用少许淀粉加水调匀勾薄芡，倒在西蓝花上即可。

营养小支着：

西蓝花、香菇、胡萝卜都是素食补钙的良好品种，加上营养全面的鲈鱼肉，有补肝肾、益脾胃、强筋骨的作用，还可促进健康发育。

材料： 鲈鱼1条，西蓝花100克，香菇块、胡萝卜片各50克，鲜汤、花生油、食盐、料酒、胡椒粉、淀粉各适量。

第二部分

如何给孩子补铁

认识"造血元素"——铁

铁是人体内含量最多的必需微量元素之一。人体内铁的总量为 4～5 克，其中72%以血红蛋白形式存在，3% 以肌红蛋白形式存在，0.2% 以其他化合物形式存在，其余则为贮备铁，以铁蛋白的形式储存于肝脏、脾脏和骨髓的网状内皮系统中，约占总铁量的25%。铁对人体的功能表现在许多方面，铁参与氧的运输和储存。红细胞中的血红蛋白是运输氧气的载体；铁是血红蛋白的组成成分，与氧结合，运输到身体的每一个部位，供人们呼吸氧化，以提供能量，消化食物，获得营养；人体内的肌红蛋白存在于肌肉之中，含有亚铁血红素，也结合着氧，是肌肉中的"氧库"。当运动时肌红蛋白中的氧释放出来，随时供应肌肉活动所需的氧。心、肝、肾这些具有高度生理活动能力和生化功能的细胞线粒体内，储存的铁特别多，线粒体是细胞的"能量工厂"，铁直接参与能量的释放。

铁在人体内的含量随年龄、性别、营养状况和健康状况而有很大的个体差异。

铁对孩子的重要性

影响生长发育。铁减少使含铁酶及铁依赖性酶的活力下降，从而影响体内重要的氧化、水解、合成、分解等代谢过程，使组织和细胞的正常功能受阻，表现出各种症状。缺铁性贫血可引起胃酸减少、肠黏膜萎缩，影响胃肠道的正常消化吸收，引起营养缺乏及吸收不良综合征等，从而影响儿童正常的生长发育，影响儿童的活动能力。人体缺铁时，肌红蛋白合成受阻，可引起肌肉组织供氧不足，运动后易发生疲劳、乏力等情况，影响儿童的活动能力。

影响智力发展。儿童体内严重缺铁时，铁依赖的单胺氧化酶活力下降，使神经递质功能改变和影响儿茶酚胺代谢，导致患缺铁性贫血的儿童有反应能力低下、注意力不能集中、记忆力差、易怒、智力减退等表现。即便以后加强"补铁"，仍然很难弥补孩子智力发育的缺陷。

影响免疫功能。体内铁缺乏时，可使许多与杀菌有关的含铁酶及铁依赖性酶活力下降，还可直接影响淋巴细胞的发育与细胞免疫力，令T淋巴细胞功能减弱，细胞杀菌力及吞噬细胞功能都下降。因而令铁缺乏和患缺铁性贫血的儿童体液和细胞免疫功能减退，易发生反复感染。

孩子缺铁的表现

人体缺铁可使血红蛋白减少，发生缺铁性贫血。缺铁性贫血不只是表现为贫血（血红蛋白低于正常），而且是属于全身性的营养缺乏病。

由于体内缺铁程度及病情发展早晚不同，故

贫血的表现也有所不同。初期，无明显的自觉症状，只是化验血液时表现为血红蛋白低于正常值。随着病情的进一步发展，出现不同程度的缺氧症状。轻度贫血患者自觉经常头晕耳鸣、注意力不集中、记忆力减退。最易被人发现的是由于皮肤黏膜缺铁性贫血而引起的面色、眼睑和指（趾）甲苍白，还有儿童身高和体重增长缓慢。病情进一步发展还可出现心跳加快、经常自觉心慌。肌肉缺氧常表现出全身乏力，容易疲倦。消化道缺氧可出现食欲不振、腹胀、腹泻，甚至恶心、呕吐。严重贫血时可出现心脏扩大、心电图异常，甚至心力衰竭等贫血性心脏病的表现，有的还出现精神失常或意识不清等。

因此，作为造血元素，铁在机体代谢中有非常重要的作用。食物铁的吸收率和利用率不高的时候，就需要通过食用补铁的营养品来满足儿童的铁需求。

孩子补铁技巧

一般而言，健康的婴儿，只要饮食营养均衡，其膳食中的铁供给充足，就能满足其生长发育的需要。对于 4 个月月龄以内的婴儿来说，婴儿出生后体内有贮备铁，会逐步释放以供机体所需的铁元素，而且母乳中含有的铁虽然量不多，但吸收率却高达 60% 以上，足以满足婴儿对铁的需求。4 ~ 6 个月月龄的婴儿，如果没有缺铁性贫血的症状，只需添加含铁丰富的食物就可以了。例如：强化铁的配方奶粉和米粉糊、蛋黄和富含维生素 C 的果汁、果泥等。到了婴儿 7 个月大以后，还可添加肉末、肝泥、鱼泥、动物血等辅助食品。

需要注意的是，铁的完全吸收，需要维生素 A、维生素 C、B 族维生素的相互协助，而

动物类食物里的原血红素铁比植物类食物所含的铁更容易被人体吸收。另外，食品的加工烹调方法对于食品的含铁量有很大影响，像小麦加工成精白面后，铁含量就显著降低；蔬菜在水中煮开后若将水倒掉，铁损失达 20%；用铁质炊具烹调食物可明显提高膳食中铁的含量。需注意的是，过多地摄入维生素 E 和锌也会影响铁的吸收。

对于患缺铁性贫血的儿童，补充铁剂仍是首选的方法。一般情况下应在医生指导下给婴儿服用铁剂，1 ~ 2 周后血中血红蛋白浓度就会开始回升，继续服用 3 个月就能使贮备铁得到补充。

另外，与铁搭配摄入的食物是影响铁吸收的重要因素。含维生素 C、维生素 A 丰富的蔬果及鱼肉、猪肉、鸡肉等动物性食品可以促进铁的吸收，而植物食品中的植酸、草酸及茶叶中的鞣酸都会阻碍铁的吸收，因此，还可适当多补充一些动物的肝、血。需要提醒家长的是，铁虽然是人体的必需微量元素，但给不缺铁的婴儿补充铁剂，反而会产生很多不利的影响。所以，需要根据婴儿体内铁的情况来决定补或不补。

 ## 如何给学龄前儿童补铁

人体内的铁主要来自各种食物，预防学龄前儿童缺铁首先应从安排好日常膳食做起。父母们应注意，如果食物中铁的吸收和利用率不高，容易导致孩子缺铁。让孩子多吃富含铁的食物，是补铁防止贫血的最主要和直接的途径，在日常膳食中要搭配加入动物血、黑木耳、海带、紫菜、芝麻酱、瘦肉、蛋黄和干果等。如果没有缺铁性贫血症状，一般只需在膳食中添加含铁丰富的食物即可，不必另外专门补充铁剂。

 ## 注意人体对食物中铁的吸收

对食物中的铁在人体的吸收率家长应有一定了解，如动物性食物的铁吸收率：鱼类11%，瘦肉类22%，蛋类3%，动物肝脏22%，动物血中含有血红蛋白，吸收率为12%。植物性食物的铁吸收率：玉米、黑豆约为3%，小麦5%，生菜4%，大豆7%。动物类食物含的原血红素铁比植物类食物所含的铁更易被人体吸收，吸收率较高。

 ## 维生素相互协助有益于铁的吸收

铁质完全吸收，需要维生素A、维生素C、B族维生素的相互协助，食物营养的搭配是影响铁吸收的重要环节。一般富含维生素C、维生素A的食物及鱼肉、猪肉、鸡肉等动物性食物更利于人体对铁的吸收。维生素C对促进铁的吸收非常重要，因为铁必须由高价铁转变为低价铁的复合物才能被充分吸收，这需在维生素C的作用下完成。可常给孩子吃些富含维生素C的水果及蔬菜，这有利于促进铁的吸收。

 ## 铁的吸收需蛋白质、乳糖等物质

蛋类、瘦肉类、乳类等都含有优质蛋白质，其中乳类含有丰富的乳糖，为防止体内缺铁，需同时注意补充蛋白质和乳糖等物质。

植酸、草酸、鞣酸、磷酸等物质对铁的吸收有影响

植酸、草酸等这些物质与铁结合，易形成不溶解物质，会影响铁的吸收。我国居民的膳食结构决定了植酸、草酸等摄入较多，如果食物经过水煮，这些物质便会溶解到水中，就会减少这些物质的摄入。

 注意烹调食物的方法

食物烹调对于含铁量有很大影响，为孩子制作食物时，可多用铁锅，有利于提高铁的含量。食物烹调时要避免加热时间过长、温度过高，否则易使食物中的铁遭到破坏。另外，碱性环境会妨碍铁的吸收，在烹饪食物时，可适当加些醋之类的调味品，保持酸碱平衡，以促进铁的吸收。蔬菜水煮后倒掉水，铁损失可达 20%。

 适合孩子的补铁食物

适合给宝宝补铁的食物主要有：

动物肝脏、动物血、瘦肉、蛋黄、鱼肉、鸡、虾、核桃、海带、红糖、芝麻酱、豆类制品、菠菜、油菜、苋菜、荠菜、黄花菜、番茄、木耳、蘑菇、桃、葡萄、红枣、樱桃等。

动物性食物中的铁较植物性食物易于吸收和利用。动物性食物如肝脏、血、瘦肉中的铁质是与血红素结合的铁，含量很高，吸收率最好，在 10%～76% 之间；豆类、绿叶蔬菜、禽蛋类虽为非血红素铁，但含量也高，可供利用。另外，还可给宝宝吃些富含维生素 C 的水果及蔬菜，如苹果、番茄、橘子、花椰菜、土豆、卷心菜等，有利于促进铁的吸收。

材料：樱桃 100 克，白砂糖 15 克。

材料：鲜猪肝 50 克，酱油少许。

糖水樱桃

制作方法：

1. 将樱桃洗净，去柄，去核，放入锅内。

2. 锅中加入白砂糖及适量水，用小火煮 15 分钟左右，至樱桃煮软后离火。

3. 将樱桃搅烂，倒入小杯内，稍凉后给宝宝喂食。

营养小支着：

樱桃营养丰富，含铁量特别高，位于各种水果之首。常食樱桃可补充人体对铁元素的需求，促进血红蛋白再生，既可防治缺铁性贫血，又可增强体质，健脑益智，还对调节食欲不振十分有益。

鲜肝泥

制作方法：

1. 将猪肝仔细清洗后剖开，去掉筋膜再洗净，剁成碎蓉，加入一点点酱油腌 10 分钟。

2. 锅里放少许水，烧沸，放入猪肝蓉煮至烂熟（或蒸熟）即可。

营养小支着：

适合 7 个月月龄以上的宝宝。适量吃些动物肝或动物血，可补充铁质和维生素 A，能调节和改善造血系统的生理功能，对预防小儿贫血和保护眼睛、皮肤的健康有益。

材料： 红枣 100 克，大米少许，白
砂糖 20 克。

材料： 莴笋片 200 克，熟猪肝片 150 克，
熟芝麻、香菜末各少许，食盐、鸡汁、
酱油、香醋、蒜泥、香油各适量。

红枣泥

制作方法：

1. 将红枣洗净，放入锅内，加入清水煮 15~20
分钟，至烂熟。

2. 去掉红枣皮、核，捣成泥状，加水少许再煮
片刻，加入白砂糖调匀，即可喂食。

营养小支着：

红枣泥含有丰富的钙、磷、铁，还含有蛋白质、
脂肪、碳水化合物及多种维生素，具有健脾胃、
补气血的功效，对婴儿缺铁性贫血、脾虚消化不
良有较好的防治作用。这款辅食软黏香甜，宝宝
很爱吃。

莴笋拌猪肝

制作方法：

1. 莴笋片用开水焯透，过凉后装盘，放
上熟猪肝片。

2. 蒜泥中加入食盐、鸡汁、酱油、香醋、
香油调匀，浇在猪肝莴笋片上，撒上熟芝
麻、香菜末，拌匀即可。

营养小支着：

莴笋能改善消化系统和肝脏的功能，保护
心血管，促进食欲。适当吃猪肝可改善贫
血，明目养肝，保护眼睛和视力健康，有
良好的养肝补血功效。但动物肝不宜吃太
多，一般每周不超过 2 次为好。

材料：胡萝卜丝100克，鸡肝片50克，草菇丝30克，粳米100克，香菜末、香油、食盐各少许。

材料：鲜菠萝肉150克，樱桃30克，冰糖30克，藕粉20克，食盐少许。

胡萝卜鸡肝粥

制作方法：

1. 将粳米、草菇丝、胡萝卜丝、鸡肝片一同放入锅内，加适量水煮粥。

2. 待粥熟烂时放入食盐搅匀，稍煮后加入香油、香菜末即可。

营养小支着：

此粥可补血养血、护肝明目、健胃益脾，特别是对体倦乏力、消化不良、肝虚目暗等有调理作用。胡萝卜和鸡肝都富含维生素A，对护肝明目很有作用；鸡肝含铁也很丰富，有利于补铁养血。

樱桃菠萝羹

制作方法：

1. 把菠萝肉用淡盐水浸泡一会儿，用清水洗净，切成碎丁；樱桃择去柄，洗净去核，切成碎末；藕粉用少许清水稀释并调匀待用。

2. 将菠萝碎丁放入锅内，加入冰糖和适量清水置火上烧开，然后放入樱桃末，用小火煨2分钟，并倒入调好的藕粉，边倒边搅匀，再次开锅时离火即成。

营养小支着：

樱桃的含铁量很高，既有益于宝宝防治缺铁性贫血，又有助于大脑的发育和增强体质；菠萝香甜汁多，有健胃消食、清胃解渴、补脾止泻的作用；藕粉老少皆宜，能益胃健脾、补益养血、调理小儿食欲不振。

材料：鸡肉 200 克，鸡蛋 1 个，豌豆粒 20 克，菠萝片 100 克，葱末 10 克，料酒 15 毫升，果汁 60 毫升，食盐、生抽、湿淀粉、花生油各适量。

材料：鲑鱼肉 200 克，柠檬汁 2 小匙，蜂蜜 1 大匙，花生油适量，葱花、湿淀粉、胡椒粉、食盐各少许。

果汁鸡块

制作方法：

1. 鸡肉洗净后切成大片，用食盐、生抽腌渍一下，加入鸡蛋和湿淀粉拌匀。

2. 锅中倒入花生油烧热，把鸡肉片排于锅中，转小火煎至两面呈金黄色。

3. 加入豌豆粒、葱末、料酒炒匀，再加入果汁，包尾油后装盘，以菠萝片垫底、围边即可。

营养小支着：

煎鸡块很受孩子的喜爱，加入香甜的果汁，再配上可健胃消食、清胃止渴的菠萝，对激发孩子旺盛的进食欲望，预防偏食、食欲不振大有帮助。

蜜汁煎鲑鱼

制作方法：

1. 鲑鱼肉切片后控干，加食盐、胡椒粉腌渍入味。

2. 锅内放入花生油烧热，将鲑鱼肉片裹匀湿淀粉，下入锅中煎至两面微呈金黄色，再把蜂蜜、柠檬汁拌匀，分两次加入锅中，用慢火煎至断生后撒上葱花即可。

营养小支着：

鲑鱼可全面提高儿童身体的抗病能力。

要注意掌握火候，鲑鱼肉断生即可，可保持鲜嫩和营养不被破坏。

材料： 细面条 50 克，豆皮 20 克，鹌鹑蛋 2 个，海带适量，鲜鱼高汤 150 毫升。

材料： 红枣 10～12 枚，白砂糖少许。

鱼汤三鲜煮面

制作方法：

1. 豆皮切成碎丁；细面条剪成小段；鹌鹑蛋煮熟，去壳切成粒。

2. 鲜鱼高汤入锅煮沸，下入细面条段煮至将熟时，再加入豆皮丁、海带、鹌鹑蛋粒一起煮至熟透即可。

营养小支着：

海带芽不仅是"含碘冠军"，还是补铁、补钙的极佳食物，加上鹌鹑蛋、豆皮中也含有较多的铁，使此面可为宝宝提供全面的营养，尤其是丰富的铁、钙及蛋白质，可作为 11 个月月龄以上婴儿的主食。根据宝宝的口味和实际情况，可调入少许食盐、鸡精。

香甜枣泥

制作方法：

1. 将红枣洗净，放入锅内，加入适量清水煮 15～20 分钟，直至烂熟。

2. 去净红枣的皮、核，将红枣果肉捣成泥状，加少许水再煮片刻，再加入白砂糖调匀即可。

营养小支着：

红枣最突出的特点是维生素含量高，富含的钙和铁有利于婴儿骨骼的发育和预防贫血，可大大提高身体的免疫力。其宁心安神、增强食欲的作用有益于宝宝的情绪稳定和正常进食。

材料：火龙果 100 克，葡萄 60 克。

材料：鳕鱼肉 2 片（约 150 克），菠菜 50 克，酱油、白砂糖、蒜泥、奶油、湿淀粉、植物油各少许。

葡萄火龙果泥

制作方法：

1. 将火龙果去皮，取果肉，用磨泥器研磨成果泥。

2. 葡萄洗净，用开水浸泡一会儿，去皮、去籽，用汤匙压碎后研磨成泥状。

3. 将葡萄泥和火龙果泥混合，拌匀即可。

营养小支着：

此品适合 8 个月月龄以上的婴儿。葡萄中所含的糖分主要是葡萄糖，能很快被人体吸收，对婴儿生长发育十分有益。此果泥中含维生素和矿物质较全面，对健康和发育十分有益。一般情况下，应先让宝宝分别适应一种果泥，再混合来喂食，这样能更好地保护婴儿的肠胃。

奶油鱼排

制作方法：

1. 将菠菜择洗净后切小段，焯水后再放入沸水中烫熟，捞起，加入蒜泥、酱油拌匀，铺于盘中。

2. 平底锅内放入植物油、奶油，加热至奶油融化，放入鳕鱼肉片煎至两面微黄，加白砂糖、酱油和少许水煮至入味，用湿淀粉勾芡，盛入菠菜垫底的盘中即可。

营养小支着：

鳕鱼含有人体必需的各种氨基酸，其比值和幼儿的需要非常相近，易被人体吸收，还含有不饱和脂肪酸和钙、磷、铁、B 族维生素等营养素，对幼儿的健康发育十分有益。而菠菜所含的叶酸能改善幼儿躁动不安及睡眠不佳，促进红细胞生成。

蛋奶核桃粥

材料：

小米 60 克，牛奶 200 毫升，鸡蛋 1 个，核桃仁 30 克，白砂糖少许。

制作方法：

1. 将小米淘洗干净，用清水泡 1 小时，沥干水备用；核桃仁用开水泡片刻，去掉外膜，捣成泥。

2. 锅内加入约 300 毫升水，烧开，放入小米，用大火煮开，转用小火煮粥至米粒涨开，加入牛奶、核桃泥续煮至粥烂熟。

3. 将鸡蛋打散，淋入小米粥中，再调入白砂糖煮化即可。

营养小支着：

小米有清热解渴、健胃除湿、和胃安眠、滋阴养血的功效，B 族维生素含量特别丰富；核桃含有丰富的蛋白质、多种不饱和脂肪酸、B 族维生素、维生素 E、钙、磷和膳食纤维，能健脑益智、增强记忆力。两者加上营养丰富的牛奶、鸡蛋煮粥，对神经系统和身体发育非常有利，还能预防宝宝贫血，养心安神。

香甜葡萄米糊

材料：

优质葡萄 30 克，稀米糊 50 毫升。

制作方法：

1. 将葡萄洗净，装碗，加入没过葡萄的开水，浸泡 2 分钟后沥干水分，去净果皮和籽，备用。

2. 用研磨器或小勺将葡萄肉压磨成泥，加入稀米糊拌匀即可。

营养小支着：

开始可过滤挤出葡萄汁拌制米糊喂宝宝，等宝宝适应后，可无须过滤，把葡萄泥、葡萄汁和米糊直接拌匀喂食即可，并视需要增加分量。还可用浓米汤或研磨过的稀粥来做。

葡萄中含的糖主要是葡萄糖，能很快被人体吸收，对宝宝的发育十分有益，和米糊搭配，更提高了这款辅食的营养价值。

材料：草莓 100 克，柚子 150 克，
酸奶 150 毫升，蜂蜜适量。

材料：鸡蛋 2 个，鸡肉蓉 15 克，蟹脚肉
15 克，高汤 60 毫升，食盐少许。

草莓奶酪

制作方法：

1. 柚子去皮，切成丁；草莓洗净，每个切成两半。

2. 将切好的草莓、柚子一同放入盘中。

3. 先加酸奶拌匀，再加入蜂蜜拌匀即可。

营养小支着：

草莓富含果胶和膳食纤维，能改善胃肠道功能，帮助消化，对便秘和贫血有一定改善作用。加上富含维生素 C 和 B 族维生素的柚子，和酸奶、蜂蜜组合，作为水果点心，可补充全面的营养。

蟹肉蒸蛋

制作方法：

1. 将鸡肉蓉、蟹脚肉一起放入碗中拌匀。

2. 鸡蛋打散后过细筛，滤除杂质，加入高汤、食盐拌匀，倒入装有鸡蓉蟹肉的碗中，再次搅拌均匀。

3. 蒸锅中加水煮开，将调好的蛋液放入蒸笼，以大火蒸熟即可。注意不要蒸过头。

营养小支着：

蟹肉含有丰富的蛋白质及微量元素，有很好的滋补作用，可补骨填髓、滋肝阴、充胃液。蟹肉中丰富的铜可帮助组织中的铁进入血液中，从而提高人体对铁的吸收率，能起到预防幼儿贫血的作用。鸡蛋含有丰富的卵磷脂、DHA（二十二碳六烯酸，俗称"脑黄金"）、B 族维生素等营养素，对幼儿神经系统和身体的发育有良好的促进作用。

材料： 猪肝30克，鸡蛋2个，食盐、香油各少许。

材料： 大米适量，猪血50克，嫩菠菜末25克，食盐、葱段、姜片各少许。

鲜肝泥蒸蛋羹

制作方法：

1. 将猪肝仔细清洗干净，切成薄片，用开水汆一下，捞出去筋、包膜后再剁成泥，装碗。

2. 把鸡蛋磕入装猪肝泥的碗中，搅匀后加入适量水调匀，调入食盐、香油，放入烧开了水的蒸锅中蒸熟即成。

营养小支着：

这款辅食适宜11个月月龄以上的宝宝食用。猪肝是补铁补血食物中的佼佼者，其他营养素也相当丰富，尤其是对宝宝发育有重要作用的维生素A。猪肝泥和鸡蛋蒸成蛋羹给宝宝吃，对维持正常生长、大脑发育和健康以及保护眼睛都非常有益。

菠菜猪血粥

制作方法：

1. 锅中加适量清水，放入葱段、姜片、食盐烧开，放入猪血煮熟，然后把猪血捞出，切碎成细小的碎粒。

2. 大米淘洗干净，放入粥锅中加水煮成粥，下入猪血粒、菠菜末再煮10分钟，调入少许食盐即成。

营养小支着：

一般纯母乳喂养的足月儿从母体中所获得的铁仅可满足出生后4个月发育的需要，如不及时从食物中补充，宝宝就可能会出现贫血。猪血含铁较高，而且以血红素铁的形式存在，容易被人体吸收利用。处于生长发育阶段的小儿适当吃些动物血，对防治缺铁性贫血很有帮助。

材料：猪肉馅200克，鸡蛋3个，水发银耳、水发黑木耳各30克，食盐、鸡汁、胡椒粉、湿淀粉、植物油各适量。

材料：大米100克，牛奶350毫升，葡萄干30克，奶油15克，细砂糖5克，食盐、香草精、植物油各少许。

肉酿双耳蒸蛋皮

制作方法：

1. 将鸡蛋打入碗内，加湿淀粉搅匀，倒入加植物油烧热的锅中摊成蛋皮若干张；银耳、水发黑木耳都切成小块，分别与猪肉馅拌在一起，加食盐、鸡汁、胡椒粉拌匀。

2. 鸡蛋皮铺平，铺上银耳馅，再铺上一层黑木耳馅，折起做成双色的厚饼。

3. 上蒸锅蒸熟，取出改刀切成菱形小块即可。

营养小支着：

此菜很适宜幼儿补血、补脑，对促进大脑发育和增长智力大有益处。黑木耳的含铁量非常高，比猪肝还要高出很多，其和银耳、鸡蛋、猪肉组合，营养十分全面，可补益健脑，养血驻颜，防治幼儿缺铁性贫血。

葡萄干奶米糕

制作方法：

1. 葡萄干切碎；大米洗净，沥干后放入锅中，加入牛奶、食盐，用小火慢煮至米软但仍有米粒感，放入葡萄干碎、细砂糖、香草精续煮至米烂熟后熄火，加入奶油拌成稠米糊。

2. 取小碗，在内侧刷上薄薄一层植物油，将米糊倒入碗中至八分满，放入开水蒸锅再蒸5~6分钟即可。

营养小支着：

除了提供热量，大米还有帮助调节脂肪和蛋白质代谢的功能，其分解后产生大脑中枢神经的重要养分——葡萄糖，并对提高幼儿的记忆力和学习能力很有好处。葡萄干中的铁和钙含量十分丰富，是儿童、体弱贫血者的滋补佳品，可补血气、防治贫血，常食还对大脑发育有良好的促进作用。

材料：鲜鸡肝100克，甜椒条30克，葱末、姜末、白砂糖、食盐、醋、酱油、干淀粉、湿淀粉、植物油各适量。

材料：排骨250克，苦瓜300克，黄豆50克，生蚝30克，蜜枣10克，姜片10克，植物油、食盐各少许。

糖醋鸡肝

制作方法：

1.将鸡肝洗净，切成小薄片，用干淀粉拌匀。

2.锅中烧热植物油，放入鸡肝片炒透，加入甜椒条炒匀后出锅。

3.再用少许油爆香葱末、姜末，加适量水，调入酱油、白砂糖煮沸，放入炒过的鸡肝甜椒和醋、食盐，烧熟后用湿淀粉勾芡，收浓汁即可。

营养小支着：

动物肝中含有丰富的铁和维生素A，适当食用有助于防治缺铁性贫血，保护视力。此菜酸甜可口，还能帮孩子开胃、增食欲。

苦瓜黄豆排骨汤

制作方法：

1.苦瓜洗净去瓤，切成小块，用少许食盐腌渍一下，再冲净；排骨洗净切块，焯去血水；黄豆洗净，用清水浸泡2个小时。

2.把苦瓜块、排骨块、黄豆和生蚝、蜜枣、姜片一起放进汤锅，加适量水置火上。

3.大火煮开，转小火慢炖约1个小时，加植物油、食盐调味即可。

营养小支着：

苦瓜可清暑祛热、明目解毒；黄豆能宽中健脾；猪排骨滋阴润燥。合而为汤，更具强健、益气、养血的功效。

材料：银耳12克，红葡萄1颗，冰糖少许。

材料：干银耳20克，樱桃30克，冰糖、葱花各适量，鸡蛋1个。

冰糖银耳羹

制作方法：

1. 银耳先冲洗几遍，然后放入碗内加冷开水浸泡（没过银耳即可）。

2. 银耳浸泡至涨发，然后挑去杂物。

3. 接着把银耳和适量冰糖放入碗内，再加入适量冷开水，一起隔水炖2～3个小时，取出后放入1颗红葡萄即可。

营养小支着：

银耳富含维生素D，能防止钙的流失，对生长发育十分有益，银耳中的有效成分酸性多糖类物质，能增强宝宝的免疫力。

银耳丝鲜蛋粥

制作方法：

1. 干银耳用温水泡发，择去蒂部，以净水过滤后撕成小块（或切碎），放入锅中加入适量水，以小火煨至熟烂。

2. 另起锅，用少许水将冰糖煮化，用细纱布过滤，然后将糖汁倒入银耳中，加入樱桃，以小火将银耳羹煨至呈香浓发黏状，最后打入鸡蛋液，等沸腾了放入葱花即可。

营养小支着：

银耳和樱桃都含有丰富的铁，特别是樱桃的含铁量特别高，位于水果之首，常食可补充人体对铁元素的需求，促进血红蛋白再生，既可防治缺铁性贫血，又可增强体质、健脑益智、养颜驻容。银耳还富含胶质、粗纤维和多种维生素及钙、锌等矿物质元素，能增强新陈代谢，促进血液循环，改善组织器官功能，适合体弱的幼儿调养身体。

材料： 嫩牛肉50克，番茄30克，胡萝卜、洋葱各15克，黄油10克，植物油、食盐各少许。

材料： 红枣8枚，枸杞子少许，鸡蛋2个，食盐少许。

什蔬炒牛肉末

制作方法：

1. 将嫩牛肉洗净、切碎，加适量水煮熟；胡萝卜煮软后切碎；洋葱、番茄分别去皮、切碎。

2. 将植物油、黄油入锅烧热，放入洋葱末炒匀，再加入胡萝卜末、番茄末和嫩牛肉末炒香，加入少许水煮烂，用食盐调味即可。

营养小支着：

此菜营养丰富，富含优质蛋白质、维生素C、维生素D、胡萝卜素、维生素B_1、维生素B_2和钙、磷、锌、铁、硒等多种营养素，能使幼儿获得全面的营养，强化骨骼及牙齿，预防佝偻病，有助其生长发育。此菜必须选用嫩牛肉，且要切得细，以利于幼儿消化吸收。

红枣杞子蒸蛋

制作方法：

1. 红枣和枸杞子用清水洗净、浸软，将红枣去核后切成小片。

2. 鸡蛋加入食盐搅匀，加入少许凉开水再拌匀，撒上红枣片、枸杞子。

3. 将调好的枣杞蛋液放入蒸锅，隔水蒸至嫩熟即可。

营养小支着：

常吃红枣能保护肝脏，宁心安神、益智健脑、抗过敏。枸杞子富含枸杞多糖、蛋白质、游离氨基酸和丰富的维生素、矿物质元素，有补肝肾、益精气、明目安神、延年益寿的功效。二者蒸蛋食用，能全面提升孩子的免疫功能。

红豆泥

材料：

红豆 50 克，白砂糖、植物油各少许。

制作方法：

1. 将红豆拣去杂质、洗净，用清水泡发，放入锅内，加入水，用大火烧开，加盖，转小火焖煮至豆烂熟。

2. 将锅置火上，放入少许植物油，下入白砂糖炒化，倒入红豆，改用小火炒成豆泥即成。（注意：豆煮得越烂越好，炒豆沙时火要小，要不停地擦着锅底搅炒，以防炒焦而产生苦味。）

营养小支着：

红豆含有丰富的 B 族维生素和铁质，还含有蛋白质、脂肪、糖类、钙、磷、烟酸等营养成分，常食有助于婴儿摄取全面的营养。豆泥香甜、细软、可口，和粥一起喂食宝宝，更可提高营养利用率，适宜 10 个月月龄以上的宝宝食用。

金沙
豆腐

材料：

日本豆腐 500 克，熟鸡
蛋黄 2 个，圆椒丁 15 克，
火腿丁 20 克，青豆 15
克，香油、食盐、淀粉
各少许，色拉油适量。

制作方法：

1. 日本豆腐切成块，拍上淀粉后用热色拉油炸至外皮变脆、色呈金黄备用。

2. 熟鸡蛋黄压磨成碎末；将青豆、火腿丁分别放入沸水锅中焯一下后捞出。

3. 炒锅内放色拉油烧热，放入日本豆腐块、鸡蛋黄末、圆椒丁、青豆、火腿丁翻匀，再加入食盐、香油即可。

营养小支着：

蛋黄中含有丰富的铁、钙、磷等矿物质，蛋黄里的卵磷脂被人体消化后释放出胆碱，可以增强记忆力，促进肝细胞再生，增强免疫力。

材料：冬瓜 150 克，瘦肉 50 克，蒜末、橄榄油、儿童酱油、食盐各少许。

材料：猪肝 30 克，番茄 60 克，瘦肉末 15 克，洋葱末 10 克，高汤适量，食盐少许。

冬瓜煮碎肉

制作方法：

1. 冬瓜去皮、瓤，洗净后切成小块；瘦肉切成碎丁。

2. 锅内倒入橄榄油烧热，爆香蒜末，放入瘦肉丁拌炒均匀。

3. 放入冬瓜块、儿童酱油及适量水，烧开后再调入少许食盐，以小火煮至冬瓜熟软即可。

营养小支着：

冬瓜含有多种维生素和人体必需的微量元素及蛋白质，可调节人体的代谢平衡，养胃生津，清降胃火，使皮肤洁白、润泽光滑。瘦肉中富含人体生长发育所需的优质蛋白质、脂肪和血红素铁等，质嫩易消化，对改善缺铁性贫血有益。

鲜汤番茄煮肝末

制作方法：

1. 将猪肝洗净后切碎；番茄用开水烫一下，剥去皮，切碎。

2. 将猪肝末、瘦肉末、洋葱末同时入锅，加入高汤搅拌均匀，以小火煮熟，再加入番茄末，调入食盐稍煮，使之有淡淡的咸味即可。需要注意的是，猪肝末、瘦肉末、洋葱末下锅后切不要煸炒，要立即加入高汤煮，成品口味要清淡，略有一点儿咸味即可。

营养小支着：

猪肝含铁非常丰富，有补肝、养血、明目的作用，对防治缺铁性贫血有帮助；番茄含有丰富的维生素，其中 B 族维生素、维生素 C 含量丰富，还富含番茄红素。两者组合，有利于补充孩子身体发育对铁和多种维生素的需求。

材料：海带结 200 克，玉米笋 200 克，鸡肉丝 100 克，红椒条 15 克，鸡蛋清、蒜蓉、食盐、淀粉、蚝油、花生油各适量。

材料：嫩莲藕 200 克，瘦肉 50 克，葱、姜各 10 克，香菇 10 克，鸡蛋 1 个，花生油 500 毫升，食盐 10 克，白砂糖 3 克，湿淀粉 30 克，鸡汤 50 毫升。

海带玉米笋

制作方法：

1. 玉米笋洗净，用滚水焯透后过凉，切成段；海带结泡洗干净。

2. 鸡肉丝中加入鸡蛋清、食盐、淀粉拌匀，下入热花生油锅炒香。

3. 炒锅再烧热花生油，爆香蒜蓉，放入玉米笋段、海带结、鸡肉丝、红椒条炒匀，加入蚝油、食盐，翻炒入味即可。

营养小支着：

适宜 4 岁以上的孩子。海带含矿物质丰富，尤其是碘和铁较多，适量食用能预防贫血和单纯性甲状腺肿大，增强免疫力和调节神经系统功能。

红烧莲藕丸

制作方法：

1. 嫩莲藕去皮切米；瘦肉切米碎，打成泥；香菇切成米；姜切成片；葱切段。

2. 把莲藕、肉泥、香菇米拌匀，打至起胶，做成小肉丸。

3. 烧锅下油，待油温 150℃时，放入莲藕丸，炸至外黄里熟时捞起。锅内留油少许，放入姜片、葱段煸香后再投入炸肉丸，鸡汤烧开，然后调入食盐、白砂糖烧透，最后用湿淀粉打芡即成。

营养小支着：

莲藕能散发出一种独特的清香，还含有鞣质，有一定的健脾止泻作用，能增进食欲，促进消化，开胃健中，有益于胃口不佳、食欲不振者恢复健康。

材料：去核红枣5枚，枸杞子10克，桂圆肉15克，香蕉1根，葡萄20克，冰糖适量。

材料：猪绞肉300克，洋葱60克，番茄100克，去皮荸荠6个，葱末15克，蒜末、姜末各10克，鸡蛋2个，番茄酱30克，奶油20克，高汤250毫升，植物油、食盐各适量。

五果冰糖羹

制作方法：

1. 红枣洗净切碎；桂圆肉洗净，切碎。
2. 枸杞子用温水泡至回软，洗净捞出，沥干水分。
3. 红枣、枸杞子、桂圆肉同入锅中，加入适量冷水，以小火熬煮片刻。
4. 将香蕉去皮，切丁。
5. 葡萄洗净，去皮、籽，一起投入汤羹内拌匀，最后以冰糖调好味即可。

营养小支着：

红枣历来有补血养气的功能，桂圆的营养价值也极高，含有丰富的葡萄糖、蔗糖、蛋白质及多种维生素和微量元素，有良好的滋养补益作用。枸杞子含有丰富的胡萝卜素、维生素 B_1、维生素 B_2、维生素 C 和钙、铁等眼睛保健必需的营养成分，可治疗肝血不足、肾阴亏虚引起的视觉模糊。葡萄干中的铁和钙含量十分丰富，香蕉含有大量糖类物质及其他营养成分，可充饥、补充营养及能量。此羹是儿童及体弱贫血者的滋补佳品。

蛋丝狮子头

制作方法：

1. 洋葱去皮洗净，切成末；荸荠切成末；番茄洗净，切成小丁。
2. 将洋葱末、荸荠末、葱末与猪绞肉混合，再加入姜末、食盐和1个鸡蛋，搅拌均匀至起黏，捏成肉丸，即狮子头；另一个鸡蛋打散，用平底锅加少许植物油煎成薄蛋皮，待凉后切成丝。
3. 锅内放入植物油，烧至六成热，放入狮子头，煎至表面呈金黄色，取出沥去油分。
4. 原油锅中留底油，加入蒜末、番茄丁炒香，放入番茄酱、奶油、高汤煮沸，放入狮子头，用小火炖煮至汤汁黏稠，加入鸡蛋丝即可。

营养小支着：

猪肉搭配多类蔬菜做成可爱的丸子，更利于激发幼儿的食欲。此菜有益于增加宝宝体内的免疫细胞，帮助红细胞生成，对于健全免疫系统、预防贫血有不错的功效。但妈妈们应注意，油炸的食物不宜让孩子吃得太多。

材料：鸡蛋2个，猪里脊肉20克，银鱼15克，植物油、柴鱼粉、葱花、食盐各少许。

材料：菠菜250克，鸡蛋2个，熟瘦肉丁60克，冬笋、水发木耳、花生仁各30克，姜末、植物油、食盐、淀粉各少许。

银鱼蒸蛋羹

制作方法：

1. 将鸡蛋磕入蒸碗中搅匀；猪里脊肉剁成末；银鱼洗净。

2. 在鸡蛋液中加入适量清水拌匀，再放入猪里脊肉末、银鱼、柴鱼粉、植物油、食盐调匀。

3. 将拌好的鸡蛋液放入水烧开的蒸锅中用大火蒸2分钟后转中火蒸约8分钟，出锅后撒上葱花即可。

营养小支着：

银鱼营养丰富，含有蛋白质、脂肪、维生素、钙、磷、铁等多种营养成分，有滋阴润肺、宽中健胃、补气利水的功效，适合10个月大的宝宝食用。没有柴鱼粉时可以省去不放。

五彩菠菜

制作方法：

1. 将菠菜洗净切成段，焯水后再煮熟，沥水装盘。

2. 水发木耳洗净，撕成小块，冬笋切丁与木耳一同煮熟。

3. 鸡蛋打入碗中，加淀粉、食盐搅匀，蒸熟，待凉后切成丁，与熟瘦肉丁、冬笋丁、木耳块、花生仁同盛入碗中，加食盐拌匀，倒入菠菜盘中。

4. 锅中烧热植物油，煸香姜末，浇在菠菜上即可。

营养小支着：

菠菜与各类食物搭配，营养互补，可清热除烦、养肝明目、润燥通便，还有益于激活大脑功能，增强活力。

材料：红豆沙馅250克，烤红薯400克，面粉适量，奶油、奶粉各10克，植物油适量。

材料：鸭蛋1个，猪肉末50克，生菜适量，食盐、淀粉、鸡汁、葱姜末、植物油各少许。

香甜豆沙红薯饼

制作方法：

1. 烤红薯去皮，压磨成泥状，加入面粉、奶油、奶粉和少许水揉和成团，分割成10等份。

2. 取一份红薯面团用手掌压扁，放入适量红豆沙馅包成饺子状，捏紧后稍压扁，全部饼做好后放入烧热植物油的平底锅中，煎至成熟即可。

营养小支着：

红薯中蛋白质含量高，可弥补米面中的营养缺失，丰富的纤维素可促进肠胃蠕动，预防便秘。红豆沙含维生素 B_1、叶酸和铁丰富，能增进皮肤健康，促进红细胞生成，预防贫血，维护神经系统、肠道、性器官的正常发育。

酿馅鸭蛋

制作方法：

1. 将鸭蛋煮熟，去壳，切成两半，取出鸭蛋黄；猪肉末加入食盐、鸡汁、淀粉、葱姜末、植物油和少许清水搅匀成馅。

2. 将调好的肉馅分别填入鸭蛋空心处，装盘，入蒸笼蒸至馅熟，出锅。

3. 盛盘后以鸭蛋黄和焯过水的生菜围边，搭配食用。

营养小支着：

幼儿饮食应注意各种营养物质的供给和合理搭配，多提供富含蛋白质、矿物质和维生素的食物。鸭蛋含有蛋白质、磷脂类、维生素 A、维生素 B_1、维生素 B_2、维生素 D，各种矿物质的总量超过鸡蛋很多，特别是铁和钙更是含量丰富，可促进骨骼发育，预防贫血。

材料：香蕉 2 根，熟松子仁、燕麦、鲜牛奶、冰糖各适量。

材料：净黄鱼肉 200 克，西芹 50 克，胡萝卜丝 50 克，香菇丝 100 克，熟松子仁 30 克，葱末、姜末、食盐、湿淀粉、胡椒粉、香油、植物油各适量。

香蕉燕麦粥

制作方法：

1. 香蕉去皮，切片备用。

2. 锅内倒入适量清水煮滚，下入燕麦煮约 2 分钟，加入冰糖煮滚。

3. 倒入鲜牛奶拌匀，撒上香蕉片、熟松子仁即可。

营养小支着：

香蕉含有多种维生素和矿物质，膳食纤维也很丰富；燕麦含铁、锌、钙及维生素 A 非常丰富，补益功效极佳；松子仁中含铁、锌、钙也较多。三者搭配牛奶，营养全面，可为孩子的发育提供充足的养分。

五彩黄鱼羹

制作方法：

1. 净黄鱼肉切丁；西芹洗净，切成丝。

2. 锅中放入植物油烧热，下葱末、姜末炒香，加入适量水烧开，放入西芹丝、胡萝卜丝、香菇丝、熟松子仁和黄鱼肉丁，用中火煮熟，加入食盐、胡椒粉，用湿淀粉勾芡，再淋上香油即可。

营养小支着：

此羹色彩诱人，晶莹透亮，鱼肉鲜嫩，滑爽可口，富含钙、铁、锌、磷等多种矿物质元素，可促进儿童健康发育，还对改善孩子的食欲很有益。

糯米红枣

材料：

红枣 200 克，糯米粉 100 克，
白砂糖 50 克。

制作方法：

1. 将红枣洗净，每个对半剖开但不要切断，去掉核。
2. 糯米粉加水揉匀，搓成小团，塞入红枣中，装盘。
3. 白砂糖用少许开水调匀，淋于红枣上，然后把糯米枣放入烧开水的蒸锅中，蒸至熟透即成。

营养小支着：

红枣的维生素含量很高，所含维生素 C 居果类之首，还富含钙、铁、锌等，糯米中的铁、锌含量亦十分丰富。二者组合，能促进骨骼健康和造血功能，有益于骨骼发育，预防贫血，促进智力。

莲藕炒牛肉

材料:

莲藕片 200 克, 嫩牛肉片 150 克, 蒜蓉、姜末、葱花各 10 克, 生抽、淀粉、料酒、食盐各少许, 花生油适量。

制作方法:

1. 牛肉片加生抽、淀粉拌匀, 腌渍片刻, 下入烧热花生油的锅中炒至将熟时盛出。

2. 炒锅内再放花生油烧热, 下莲藕片炒香, 加食盐和少量水炒匀, 收汁时铲出。

3. 炒锅再烧热少许花生油, 爆香姜末、蒜蓉, 下入嫩牛肉片炒几下, 加入料酒、莲藕片、葱花炒匀即可。

营养小支着:

莲藕含铁量较高, 有补心生血、滋养脾胃之功效。牛肉含优质蛋白质, 所含的矿物质中铁、磷、锌最丰富。此菜能提高机体抗病能力, 对病后调养、促进恢复很有益。

材料：猪肝、大米、食盐、植物油、
淀粉各适量。

材料：净鲈鱼肉200克，紫菜片20克，胡萝卜末、
芹菜末各25克，食盐、胡椒粉、葱姜汁、料酒、
鸡蛋清、花生油各适量，面包屑少许。

猪肝粥

制作方法：

1. 水烧开加入大米，小火慢慢煮至软烂。

2. 把猪肝切成小片，放点食盐、植物油、淀粉稍微腌一下。

3. 等粥煮得有点黏稠的时候加入猪肝，用筷子搅散，再煮几分钟即可。

营养小支着：

猪肝中铁质丰富，是补血食品中最常用的食物，食用猪肝可改善贫血。猪肝中含有丰富的维生素A，具有维持骨骼正常生长发育和促进细胞增殖与生长的作用，能保护眼睛，维持正常视力。还含维生素C和微量元素硒，能增强人体的免疫力。

紫菜鱼卷

制作方法：

1. 鲈鱼肉剁成鱼泥，加入胡萝卜末、芹菜末、葱姜汁、鸡蛋清搅匀，再加食盐、胡椒粉、料酒调味。

2. 紫菜片平铺，上面铺匀鲈鱼肉泥，卷成卷并裹上一层面包屑。

3. 锅放花生油烧至六成热，文火下入紫菜鱼卷煎熟，待稍凉切成小段即可。

营养小支着：

鲈鱼肉和紫菜中都富含钙、铁、锌，紫菜等海藻食物还富含甲状腺素的基本元素碘，对幼儿生长发育及补益身体极为有益。

材料：干紫菜 15 克，白菜末 100 克，胡萝卜丝 150 克，鸡蛋 2 个，猪肉泥 150 克，姜粉、食盐、鸡精、香油各少许，植物油、干淀粉各适量。

材料：米饭 1 碗，毛豆仁 30 克，鸡肉丁 30 克，鸡蛋 1 个，莴笋丁、红甜椒丁、香菇丁、食盐、植物油各适量。

紫菜丸子

制作方法：

1. 干紫菜泡洗干净后挤干，切碎；白菜末加食盐稍腌后挤干水分。

2. 将紫菜末、白菜末、胡萝卜丝、猪肉泥放入盆中，加入鸡蛋、姜粉、食盐、鸡精、香油，边搅拌边加入干淀粉，调制成紫菜蔬菜肉馅，制成若干个丸子。

3. 锅烧植物油至五成热，下入紫菜丸子煎炸至成熟即可。

营养小支着：

紫菜含碘、钙、铁非常丰富，有益于孩子防治贫血，促进骨骼健康。成菜营养全面，还有补肝肾、养肠胃、明眼睛、补脑力的作用。丸子做好后可直接食用，亦可加高汤蒸一下或炖汤时加入。

毛豆仁鸡丁炒饭

制作方法：

1. 炒锅中放植物油烧热，下毛豆仁、鸡肉丁炒香备用。

2. 原锅再放少许植物油，倒入打匀的鸡蛋煎至嫩熟，捣成小块。

3. 炒锅再烧热植物油，炒香莴笋丁、香菇丁，加入红甜椒丁和炒过的毛豆仁、鸡肉丁，倒入米饭炒片刻，放入鸡蛋块，调入食盐炒匀即成。

营养小支着：

毛豆营养均衡，富含有益的活性成分，所含的铁易于吸收，加上富含铁、锌的鸡蛋、香菇、鸡肉等，更具营养功效。

材料：糯米 60 克，枸杞子 5 克，猪
肝 30 克，高汤 500 毫升，姜
末、香油、食盐、酱油各少许。

材料：毛豆 50 克，花生仁（炒熟的）50 克，
豆腐干 10 克，胡萝卜 10 克，沙茶酱、
食盐、葱花、花生油各适量。

枸杞肝片粥

制作方法：

1. 将猪肝洗净，先切薄片，再切成小条，同姜末装入碗内，以酱油腌 10 分钟；糯米和枸杞子洗净。

2. 将高汤倒入砂锅内，放入糯米和枸杞子煮至粥将熟。

3. 再放入切好的猪肝煮熟，调入香油、食盐即可。

营养小支着：

枸杞子具有补肾益精、养肝明目、抗衰老等功效；猪肝可以改善人体造血系统，促进产生红细胞、血色素，制造血红蛋白等，是补血之佳品。两者还都含有很丰富的锌元素，对促进幼儿智力和思维的发展很有帮助。

炒四宝菜

制作方法：

1. 将豆腐干和胡萝卜切丁。

2. 起油锅爆葱花，放沙茶酱炒匀，加毛豆、胡萝卜、豆腐干及少许清水煮熟，以食盐调味，撒下花生仁炒均匀即成。

营养小支着：

毛豆营养丰富均衡，含有对人体有益的活性成分，脂肪含量明显高于其他种类的蔬菜，但其中以不饱和脂肪酸为主，它们可以改善脂肪代谢。毛豆中的卵磷脂有助于改善大脑的记忆力和智力水平。花生仁含有丰富的蛋白质、不饱和脂肪酸、维生素 E 等营养元素，有增强记忆力等作用。豆腐干中含有丰富的蛋白质，而且豆腐蛋白属完全蛋白，含有人体必需的 8 种氨基酸，营养价值较高，并含有多种矿物质，可补充钙质，促进骨骼发育，对小儿、老人的骨骼健康极为有利。

材料：猪肉、芋头丁各100克，玉米粒、胡萝卜丁、芦笋段各50克，酱油、鸡蛋液、高汤、食盐、淀粉、植物油各适量。

材料：白菜300克，栗子10个，食盐、姜末、高汤、香油各少许，植物油适量。

芋头炒肉

制作方法：

1.猪肉切小片，和芋头丁分别裹上用鸡蛋液和淀粉调成的糊，放入热植物油锅内炸至金黄色后盛出。

2.原锅留底油烧热，下入猪肉片、芋头丁炒片刻，加入酱油、食盐、高汤、芦笋段、胡萝卜丁、玉米粒炒匀，烧至汤汁收浓即可。

营养小支着：

用芋头和多种食物组合，可帮助孩子纠正因微量元素缺乏导致的生理异常，能增食欲、助消化。

栗子烧白菜

制作方法：

1.白菜洗净，切成小条；栗子煮熟，剥出栗子肉。

2.炒锅内放入植物油烧热，放入白菜条炸至微微呈金黄色时捞出，再将栗子肉炸一下，对半切开。

3.原锅留底油，炒香姜末，加入高汤、食盐，放入白菜条、栗子肉炒匀，用小火烧至汤汁渐少时转大火炒匀，淋上香油装盘。

营养小支着：

吃板栗能强脾健胃、补肝肾、强筋骨，配以维生素含量丰富的白菜，营养互补，滋补身体，强身防病。

材料：鸡腿300克，洋葱片、番茄片各60克，鸡蛋1个，生菜叶30克，面粉5克，番茄汁、植物油各适量，食盐、白砂糖、姜粉各少许。

材料：粉丝50克，肉馅100克，香菇、小白菜各适量，鸡蛋1个，蒜、食盐、鸡精、葱花、植物油、香油各适量。

西式茄汁鸡腿

制作方法：

1.鸡腿洗净剁成小块，放入碗中，加鸡蛋、食盐、白砂糖、姜粉、面粉拌匀，腌渍10分钟；生菜叶用开水烫后盛盘。

2.将鸡腿块下入热植物油锅内用中火煎熟，捞出沥油后放在生菜叶上。

3.锅内烧热少许植物油，下洋葱片、番茄片炒香，加食盐、番茄汁炒匀，盖在鸡腿块上。

营养小支着：

鸡腿肉含较多铁质和B族维生素，其蛋白质易被人体吸收利用，可改善缺铁性贫血，增强体力。加上富含维生素的洋葱和番茄，有益于增强细胞活力和代谢能力。

粉丝丸子汤

制作方法：

1.肉馅加一个鸡蛋，加鸡蛋后顺着一个方向调匀。

2.锅里放油，放一点蒜炒香。

3.放入一大碗水煮沸，放入香菇和粉丝。

4.用勺子将馅儿做成丸子放在煮开的汤里，煮沸后加入食盐。

5.最后加小白菜和葱花，再加香油和鸡精起锅。

营养小支着：

肉丸里面含有多种营养物质，可以充分补充人体需要的营养物质，增强人体抵抗力。白菜丸子汤是很容易做的一道菜，秋天吃，既滋补又补水，非常不错。

材料： 净鱼肉200克（黑鱼），绿豆芽60克，红甜椒丝15克，1个鸡蛋的蛋清，鸡汤2大匙，干淀粉、湿淀粉、葱段、姜丝、香油、食盐、植物油各适量。

材料： 牛肉丝30克，鸡蛋面条60克，嫩菠菜梗20克，大骨汤适量，食盐少许。

银芽鱼丝

制作方法：

1. 黑鱼肉切成丝，用鸡蛋清、食盐、干淀粉拌匀；绿豆芽掐去两头，洗净；用鸡汤、食盐、香油和湿淀粉调成芡汁。

2. 锅内放植物油烧至六成热，下入鱼肉丝拨散，滑至八成熟后倒入漏勺沥油。

3. 锅留底油，下入姜丝、绿豆芽、红甜椒丝、食盐炒香，放入鱼肉丝、葱段、芡汁炒匀即可。

营养小支着：

黑鱼肉含18种氨基酸和人体必需的钙、磷、铁及多种维生素，可补脾益气、利水消肿，对调理身体虚弱和贫血都十分有益。

菠菜牛肉面

制作方法：

1. 将嫩菠菜梗洗净，用开水烫一下，切成碎丁；牛肉丝切短；鸡蛋面条用剪刀剪成段。

2. 大骨汤入锅加热，下入嫩牛肉丝稍煮后捞出。

3. 再下入鸡蛋面条，煮熟，加入嫩牛肉丝、菠菜梗丁，调入食盐再煮片刻即可。

营养小支着：

食用牛肉对增长肌肉、增强力量特别有效，还可提高智力，调养身体。给幼儿一定要吃嫩牛肉或小牛肉才便于消化，肉丝长度要根据咀嚼能力调整。幼儿生长发育迅速，要注意各种食物的供给搭配，多选择富含蛋白质、钙、铁和各类维生素的食物。

玉米球蒸蛋

材料：

鸡蛋2个，土豆1个，香菇粒30克，玉米粒30克，食盐、葱花、火腿末、香油各少许。

制作方法：

1. 将鸡蛋磕入碗中打散，加少许水和食盐调匀，盛入蒸盘内。

2. 土豆洗净后蒸熟，去皮趁热碾压成泥，加入玉米粒、香菇粒、食盐、香油充分拌匀，搓揉成若干小丸子。

3. 将盛鸡蛋液的蒸盘上锅蒸至蛋液快凝固时，马上放入做好的土豆玉米丸子，撒上火腿末、葱花，继续蒸至熟透即可。

营养小支着：

香菇营养丰富，铁和锌含量都较高，鸡蛋亦是如此。本菜食物搭配巧妙，可促进食欲，帮助消化，有调中开胃、滋补肝肾、补血健脑的功效。

四鲜蛋羹

材料：

鹌鹑蛋 8 个，何首乌汁 100 毫升，银耳 10 克，木耳 10 克，香菇片 20 克，桂圆肉 20 克，湿淀粉、白砂糖各适量。

制作方法：

1. 银耳、木耳用水泡发，择洗干净，撕成小朵；鹌鹑蛋煮熟，过凉开水后去壳。

2. 锅置火上，放入适量清水，加入何首乌汁、桂圆肉、银耳、木耳、香菇片烧片刻，再放入鹌鹑蛋，用湿淀粉勾芡后再稍煮即成。盛碗后调入白砂糖搅匀。

营养小支着：

本羹中各类食材都有良好的养血补脑作用；何首乌煮汁能增强免疫功能，还有强壮神经、健脑益智的作用。鹌鹑蛋和口蘑搭配，富含钙、铁、磷、卵磷脂、脑磷脂等全面的营养，补脑健脑、调理虚弱的作用十分突出，对儿童发展智力、增强体质有益。

材料：猪肋条肉50克，胡萝卜（去皮）15克，干木耳3克，鸡蛋1个，淀粉、酱油、葱末、姜末、食盐、鸡精、香油各少许。

材料：豆腐300克，虾仁100克，猪肉50克，食盐、姜末、湿淀粉、鸡汤、花生油各适量。

鸡蛋蒸肉饼

制作方法：

1. 将胡萝卜剁成蓉；干木耳泡发后洗净，剁成蓉；鸡蛋打散后搅匀。

2. 将猪肋条肉剁成泥，放碗内，加入胡萝卜蓉、葱末、姜末、鸡精、食盐、酱油、香油、淀粉和少许清水拌匀，调制成馅，取1/3馅料放入木耳蓉中拌匀。

3. 将蒸盘内涂抹一层香油，把木耳肉馅放在盘中央，外围摊匀剩余的馅料，把搅匀的鸡蛋呈花瓣状淋在四周，放入蒸锅蒸熟即成。

营养小支着：

此品以多种适宜幼儿的食物巧妙搭配，可增强免疫力、健脑益智、益肝明目、补血壮骨，能防治缺铁性贫血和呼吸道感染，促进幼儿的身体发育和智能发展。

鸡汁豆腐饺

制作方法：

1. 将虾仁和猪肉一起剁成泥，加少许湿淀粉、食盐、姜末、花生油搅拌均匀，用手捏成9个丸子；将豆腐洗净，切成18片三角片。

2. 将9片豆腐放在盘内，在每片豆腐上放1个丸子，然后，将剩下的9片豆腐分别盖在每个丸子上面，用手捏紧。

3. 将做好的豆腐饺上屉蒸熟，取出待用。

4. 锅内放入鸡汤烧开，加少许食盐，用湿淀粉勾芡烧成浓汁，起锅淋在豆腐饺上即成。

营养小支着：

豆腐中丰富的大豆卵磷脂、大豆植物蛋白特别有益于幼儿神经、血管、大脑的生长发育，对身体调养、保持肌肤细腻也很有好处。虾仁营养极为丰富，尤其是富含优质蛋白质和矿物质成分，肉质松软，易消化，对身体虚弱有很好的调养作用。猪肉可提供血红素铁，能改善缺铁性贫血。

材料：苹果 50 克，红薯 50 克，牛奶 15 毫升，白砂糖 3 克。

材料：黄鱼肉 250 克，韭黄末 30 克，胡萝卜末 50 克，荸荠 3 个，小芦笋 1 根，香油、姜末、食盐各少许，馄饨皮 40 片，高汤 800 毫升。

苹果红薯泥

制作方法：

1. 将红薯洗净，煮（或蒸）至熟软，去皮，切成小块后再压磨成泥状。

2. 将苹果去皮、去核，切成块，用清水煮软，捣碎研磨成泥状。

3. 将苹果泥、红薯泥混合装碗，加入牛奶、白砂糖，拌匀即成。

营养小支着：

红薯含有丰富的糖分、蛋白质、纤维素和多种维生素，可和血补中、宽肠通便、增强免疫功能；吃苹果可解除忧郁，消除不良情绪，提神醒脑，帮助改善呼吸系统和肺功能。此辅食十分有益于婴儿的发育，可防止宝宝发生便秘，提高免疫力，还有助于宝宝保持愉快的心情。

三鲜黄鱼馅小馄饨

制作方法：

1. 将黄鱼肉剁成细末；荸荠去皮洗净，切成碎末；小芦笋削除粗纤维，切成小段。

2. 在黄鱼肉末中加入韭黄末、胡萝卜末、荸荠末、香油、姜末、食盐，拌匀制成馅。

3. 取馄饨皮包入馅，包成馄饨。将包好的馄饨下入烧开的高汤中，加入芦笋段煮至馄饨浮至汤面，续煮片刻即成。

营养小支着：

黄鱼肉对人体有很好的补益作用，能促进幼儿的生长发育和细胞再生，还可预防贫血、安神开胃、增进食欲。芦笋纤维较多，不易咀嚼，建议在宝宝至少 1 岁半以后再开始添加。

材料：猪肉馅 400 克，小白菜叶 60 克，鸡蛋 2 个，2 个鸡蛋的蛋清，红甜椒粒、胡萝卜粒各 15 克，酱油 15 毫升，高汤 50 毫升，姜末、蒜末各 5 克，食盐、香油、湿淀粉、植物油各适量。

材料：鸡胸肉 250 克，水发黑木耳 30 克，鸡蛋 1 个，食盐、葱末、姜末、花生油、香油各少许，饺子皮 300 克。

浇汁绣球肉丸

制作方法：

1. 在猪肉馅中加入酱油、姜末、蒜末、鸡蛋清、香油、食盐，顺一个方向拌匀，放置 30 分钟入味；鸡蛋打散，入锅用少许热植物油摊成 2 张薄蛋皮，切成丝；小白菜叶用开水烫软，沥干后切成丝。

2. 将猪肉馅捏成若干丸子，裹上小白菜丝和鸡蛋丝，装盘后放入蒸笼用大火蒸熟。

3. 炒锅中倒入植物油烧热，放入甜椒粒、胡萝卜粒炒香，加入高汤煮沸，调入食盐，以湿淀粉勾薄芡，起锅淋于蒸好的双色绣球丸子上。

营养小支着：

猪肉的营养很适宜幼儿，有滋养脏腑、补肾养血的作用。小白菜中丰富的钙、磷、铁能促进幼儿健康发育，加速机体新陈代谢，促进骨骼生长，增强造血功能。猪肉馅不要肥肉太多，精瘦肉应占 70% ~ 80%。

木耳鸡肉饺

制作方法：

1. 将鸡胸肉剁成末；水发黑木耳洗净后剁碎。

2. 鸡胸肉末中加入鸡蛋、葱末、姜末、食盐、花生油、香油和剁碎的黑木耳，搅拌均匀，制成馅料。

3. 在饺子皮中放入馅料，包成饺子，下入开水锅中煮熟即可。

营养小支着：

鸡胸肉中含有较多蛋白质、B 族维生素和对生长发育有重要作用的磷脂类，消化率高，有增强体力的作用，对营养不良、乏力疲劳、贫血虚弱等症状有很好的改善作用。黑木耳含铁量很高，比动物性食品中含铁量最高的猪肝高出约 7 倍，是天然补血佳品，其含有的磷脂成分能营养脑细胞和神经细胞，给幼儿适当吃点黑木耳，可滋补养血、补脑健脑、令肌肤红润、精神焕发，有益于健康发育。

材料：鱼肉泥150克，猪肉泥30克，大白菜叶150克，淀粉、生抽、姜末、葱花、食盐、花生油、香油各少许，高汤适量。

材料：嫩牛肉50克，西红柿30克，胡萝卜、洋葱各20克，黄油15克，植物油、食盐各少许。

鱼胶大白菜

制作方法：

1. 鱼肉泥和猪肉泥混合，加淀粉、姜末、食盐、香油拌成馅。

2. 大白菜叶洗净，用开水烫软，放上馅卷起，切段盛盘后蒸熟。

3. 炒锅烧热花生油，爆香葱花，加入生抽、高汤烧开，浇在白菜卷上即可。

营养小支着：

此菜食物搭配适宜，能增强胃肠的消化功能，有利于改善食欲不振和偏食，提高孩子的思维能力和免疫力。

碎菜牛肉

制作方法：

1. 嫩牛肉洗净，剁碎，加适量水煮熟；胡萝卜煮软后切碎；洋葱、西红柿分别切碎。

2. 黄油、植物油入锅烧热，放入洋葱末炒匀，再加入胡萝卜末、西红柿末和嫩牛肉末炒香，加入食盐和少许水，炒熟即可。

营养小支着：

此菜适合幼儿食用，荤素搭配适宜，富含优质蛋白质、维生素及钙、铁、磷、锌、硒等多种矿物质，有助于儿童健康发育。

材料：菠菜 50 克，洋葱 10 克，牛奶 20 毫升。

材料：面粉 40 克，鸡蛋 1 个，虾仁 15 克，净菜菜 20 克，高汤 200 毫升，香油、食盐各少许。

菠菜洋葱牛奶羹

制作方法：

1. 将菠菜清洗干净，放入开水中氽烫至软时捞出，挤去水分，选择叶尖部分仔细切碎成泥状；洋葱洗净，剁成泥。

2. 将菠菜泥与洋葱泥放入锅中，加入 100 毫升水，用小火煮至黏稠状，出锅前加入牛奶略煮即可。

营养小支着：

此汤羹原料丰富，色泽清新，口感嫩滑，营养搭配均衡，其中菠菜含有丰富的氨基酸、维生素、矿物质和叶绿素，可以促进宝宝营养均衡，提高宝宝的机体免疫力，增强抗病能力。牛奶能补钙，洋葱则能增进食欲，改善消化功能。它会让宝贝在开心吃的同时，吸收到足够的营养。

什锦珍珠汤

制作方法：

1. 取鸡蛋清与面粉混合，加少许水和成面团，揉匀，擀成薄皮，切成黄豆大小的丁，搓成小珍珠面球（面疙瘩一定要小，以利于消化吸收）。

2. 虾仁洗净，切成小丁；菠菜用开水烫一下，切成末。

3. 将高汤倒入小锅内，下入虾仁丁，烧开后下入面疙瘩，调入食盐煮熟，再淋入搅匀的鸡蛋黄，加入菠菜末、香油，稍煮即可盛入小碗。

营养小支着：

虾仁含有丰富的蛋白质、钙，有健脑、养胃、润肠的功效，婴幼儿可适量食用。此汤富含蛋白质、多种矿物质及维生素，给婴儿适量常食，能促进生长发育，预防贫血。此汤适合 8 个月以上的宝宝食用，但要和喂食葡萄、橘子等水果间隔 2 小时以上。

材料：米汤 100 毫升，鲜嫩菠菜 60 克。

材料：猪血、瘦肉、韭菜、香菇、葱、姜、植物油各适量。

米汤菠菜泥

制作方法：

1. 将菠菜择洗、焯水后沥干，再放入沸水中煮约 1 分钟，取出沥干水分。

2. 将菠菜剁成泥状，和热米汤一起放入果汁机中搅打均匀，倒入碗中即可，也可直接和米汤拌匀。

营养小支着：

菠菜中含有大量的植物膳食纤维，具有促进肠道蠕动的作用，可帮助消化，利于宝宝排便。菠菜中含有丰富的胡萝卜素、维生素 C、钙、磷及一定量的铁、维生素 E 等有益成分，能及时供给宝宝身体所需营养，维护正常视力和上皮细胞的健康，增强抗病的能力。

翠绿猪血

制作方法：

1. 猪血用开水汆烫一下，凉后用刀小心地切成块，把瘦肉洗净切成小块备用。

2. 韭菜择好，洗净切段，香菇切碎，葱姜切末。

3. 先在锅里倒入植物油，把瘦肉先放入锅内炒熟，再把韭菜、香菇、葱姜末倒入炒熟。

4. 最后把猪血放入锅内一起炒熟，炒熟出锅即可食用。

营养小支着：

猪血是一种良好的动物蛋白，与瘦猪肉、鸡蛋的蛋白质含量差不多。含有人体所需的 8 种氨基酸。猪血还具有补血功能，给婴儿吃一些猪血，对其生长发育和成年后的健康都有益处。

肉蓉菠菜粥

材料:

菠菜100克,猪瘦肉50克,大米50克,植物油、食盐各少许。

制作方法:

1.菠菜择洗干净,焯水后切成碎末;猪瘦肉洗净,剁成碎末。

2.大米淘洗后入锅,加适量水置火上,大火煮开,转小火煮粥,将近熟时放入猪瘦肉末,煮至肉末变色。

3.加入菠菜末,待煮熟后再放入植物油、食盐,煮至粥开即成。

营养小支着:

猪肉和菠菜一同入粥,可补充蛋白质和维生素及矿物质,婴儿常吃对生长发育及提高免疫力很有益处。

**枣豆
小米粥**

材料：

小米 50 克，红枣 5 枚，
红小豆 15 克，白砂糖
少许。

制作方法：

1. 将红小豆洗净用清水泡涨；小米、红枣分别洗净，将红枣去核。

2. 粥锅中加适量水置火上，先下入红小豆煮至半熟，再加入小米、红枣，以小火熬煮至米烂、粥黏，调入白砂糖搅匀即可。

营养小支着：

吃小米可防止消化不良，有滋阴养血、补充脑力的功效，能很好地调养身体虚弱，是婴儿良好的保健食物。此粥材料营养互补，可健胃安眠，调理虚弱的体质。

材料：黑米 100 克，小米 50 克，椰
子汁 150 毫升，冰糖 60 克，
食盐少许。

材料：水发海带丝 250 克，酥炸糊 200 克，
香菇丝 20 克，姜丝 5 克，食盐、鸡汁、
椒盐各少许，植物油适量。

椰汁冰糖双米粥

制作方法：

1. 将黑米淘洗干净，用清水浸泡一夜；
椰子汁中加少许食盐调匀。

2. 锅内加入约 1000 毫升清水烧开，倒
入黑米煮沸，用小火煮粥至黑米发黏。

3. 将小米下入锅中搅匀，继续煮粥至米
烂粥黏，加入椰子汁、冰糖再煮片刻即可。

营养小支着：

黑米又称补血米，比大米更具营养价值，
有滋阴补肾、健脾暖肝、明目活血、开
胃益中的功效。加入营养丰富、可补血
健脑的小米同熬粥，对幼儿体质虚弱、
贫血有很好的补养、改善作用，还有助
于幼儿调节良好的精神状态。

香酥海带

制作方法：

1. 海带丝煮软，剪短装碗，加入姜丝、香菇丝
拌匀，调入食盐、鸡汁腌渍入味。

2. 锅中放植物油烧至五成热，抓起一小扎海带
丝，裹上酥炸糊入锅炸至定型后捞出，全部炸
过后再复炸一次，趁热撒上椒盐即可。

营养小支着：

孩子在注意各类营养摄取时，碘十分重要，
海带富含碘和铁，可促进儿童新陈代谢和甲
状腺的健康。

酥炸糊可用鸡蛋加淀粉调制即可。

材料：鹌鹑 2 只，香菇片 150 克，红枣 3 枚，枸杞子、姜片、葱段、淀粉、花生油、食盐、绍酒各适量。

材料：猪肝 50 克，胡萝卜 100 克，大米 60 克，熟花生油、食盐、葱花各少许。

香菇蒸鹌鹑

制作方法：

1. 鹌鹑杀洗干净后切成块；红枣去核后切成片；枸杞子泡洗一下。

2. 将鹌鹑块装碗，加入香菇片、红枣片、枸杞子、姜片、葱段，调入食盐、绍酒、淀粉拌匀后摆入蒸盘，入蒸锅隔水蒸熟，再淋上烧热的花生油即可。

营养小支着：

此菜颇具补益功效，除可补脑外，还能补血明目、健脾胃。鹌鹑肉对营养不良、体弱乏力的调理很有作用，所含丰富的卵磷脂更是高级神经活动不可缺少的营养物质，健脑作用极佳。

胡萝卜鲜肝粥

制作方法：

1. 将猪肝仔细冲洗后用清水浸泡 30 分钟，再次洗净，切成小片；胡萝卜去皮洗净，切碎。

2. 大米淘洗干净，入锅加适量水，用大火煮开，转小火煮粥，粥刚熟时，放入熟花生油，随即下入切好的猪肝与胡萝卜续煮15 分钟，用食盐调味，撒上葱花搅匀即可。

营养小支着：

猪肝富含铁、锌及维生素 A，这对小儿病后及身体虚弱有较好的营养补充作用，此粥可补肝养血，有助于预防贫血和改善食欲减退，可保护视力健康。

材料：紫菜 10 克，鸡蛋 3 个，韭菜 30 克，植物油 30 毫升，姜末、食盐、胡椒粉各少许。

材料：鱼肉 200 克，香菇 4 朵，面粉、大葱、姜、食盐、料酒、味精各适量。

紫菜煎蛋饼

制作方法：

1. 紫菜用清水泡透去杂质，沥干剪碎；鸡蛋磕入碗中打散；韭菜洗净切成粒。

2. 鸡蛋液中加入紫菜、韭菜粒、姜末、食盐、胡椒粉拌匀。

3. 炒锅中烧热植物油，倒入拌好的鸡蛋液，煎成饼状，用小刀切成小块即可食用。

营养小支着：

紫菜的营养非常丰富，尤其以碘、钙、铁、锌、硒含量高，对孩子正常生长发育和促进骨骼、牙齿的健康，预防贫血都很有助益。另外，紫菜中富含的胆碱成分有增强记忆的作用，和鸡蛋组合，更加强了补脑益智的功效。

香菇鱼香饺

制作方法：

1. 香菇浸泡至软，切粒。

2. 把鱼肉剁碎，用香菇、大葱、姜、料酒、食盐、味精调好馅。

3. 将面粉放入盆内加入清水将面揉至外表光滑，饧半小时。

4. 将面团擀成若干个小薄皮，放上拌好的馅，包成饺子状。

5. 把包好的蛋饺上锅蒸制 5 ～ 8 分钟即可。

营养小支着：

面粉富含蛋白质、碳水化合物、维生素和钙、铁、磷、钾、镁等矿物质，有养心益肾、健脾厚肠、除热止渴的功效。鱼肉细腻、味道鲜美、营养丰富，含丰富的蛋白质、维生素 A、矿物质等营养元素。常食对治疗贫血、营养不良和神经衰弱等症会有一定辅助疗效。

材料：细面条（鸡蛋或蔬菜味）30 克，鲜番茄
　　　50 克，高汤（鸡肉或鱼肉或猪骨等熬制）、
　　　食盐各适量。

材料：嫩鸡肉150克，葱白段50克，豆豉10克，
　　　植物油 1 大匙，蒜末、姜蓉、食盐、白
　　　砂糖、料酒、淀粉、酱油、香油各少许。

鲜汤番茄碎面

制作方法：

1. 把细面条剪成小短段备用；番茄用开水烫
一下，去皮后切成碎丁。

2. 锅内倒入高汤烧开，下入细面条段煮软，
加入番茄碎丁，煮至面条熟透，再加一点点食
盐调味即可。

营养小支着：

10 个月以上的婴儿开始准备断奶了，饮食也
正朝着一日三餐的方向过渡，辅食多以稀饭、
软饭、软面条为主，另外再加入肉末、鱼肉、
碎青菜、土豆、胡萝卜等，在提高营养的同时，
丰富宝宝的口味和增加其进食的兴趣，使其进
一步锻炼咀嚼能力，为断奶打好基础。

豆豉鸡丁

制作方法：

1. 鸡肉切成丁，用食盐、白砂糖、酱油、
料酒、淀粉、香油拌匀后腌渍 10 分钟；
豆豉压碎一些。

2. 锅中放入植物油烧热，加入蒜末、姜
蓉、葱白段和豆豉碎炒香，加入鸡丁爆
炒至熟即可。

营养小支着：

鸡肉爽滑，豆豉散发着浓浓的酱香。豆
豉有助于改善胃肠道菌群，帮助消化，
还可解毒防病、增强脑力、消除疲劳。

材料：卷心菜叶 5 片，猪肉末 150 克，番茄酱 50 克，洋葱末 50 克，鸡蛋 1 个，海带丝 15 克，植物油、高汤各适量，姜末、香油、食盐各少许。

材料：热狗肠 3 根，生菜叶 6 片，香菇粒 20 克，食盐、鸡汤、湿淀粉、植物油各少许。

茄香菜肉卷

制作方法：

1. 将猪肉末、洋葱末、鸡蛋、姜末、香油、食盐同放入碗中，顺一个方向拌匀，腌渍 30 分钟；卷心菜叶放入沸水中烫软，取出沥干水分。

2. 取 1 片卷心菜叶，铺上适量拌好的肉馅，卷成卷，用海带丝在中间位置打上结固定。依同法把菜卷全部做好，摆入刷了植物油的蒸盘中，放入蒸锅隔水蒸熟后备用。

3. 炒锅置火上，放入少许植物油烧热，下入番茄酱炒匀，加入高汤和食盐，放入肉菜卷，以中火烧至入味时出锅即可。

营养小支着：

猪肉能滋养脏腑，补肝肾，养气血，健体强身，对赢瘦、贫血有改善作用，与蔬菜和番茄酱组合，能促进食欲，平衡营养摄取，对健康发育很有帮助。

生菜卷热狗

制作方法：

1. 生菜叶下入开水中烫软，捞出沥干水分；热狗肠表面打上花刀，抹上植物油蒸透。

2. 以每 2 片生菜叶包裹 1 根热狗肠卷好，盛入蒸盘。

3. 炒锅烧热植物油，炒香香菇粒，加入食盐、鸡汤，以湿淀粉勾芡后炒匀，浇在生菜热狗卷上即可。

营养小支着：

生菜中含有丰富的膳食纤维和维生素 C，可帮助消除多余的脂肪，对防止儿童肥胖有益。用生菜搭配热狗肠再辅以香菇烧汁，荤素巧妙中和，清爽利口，提高了儿童对各类营养素的吸收。

第三部分

如何给孩子补锌

认识"生命之花"——锌

锌是人体必需的微量元素之一，在人体每个器官内都含有锌，它是体内多种酶的组成成分，与 DNA、RNA 和蛋白质的生命合成有密切的关系。维生素正常代谢，保持正常味觉，促进生长发育，尤其是对性成熟有特别重要的作用。锌被医学界、营养界誉为"生命之花"、"智力之花"，锌与铁一样都是儿童成长所必需的一种营养。

 ### 锌对孩子的重要性

锌能促进生长发育与组织再生。锌广泛地参与核酸和蛋白质的合成代谢，因此对细胞分化，尤其是细胞复制等基本生命过程产生影响。同时锌对于促进性器官和性功能的正常发育是必需的。缺锌的人生长发育滞后，性器官发育不全，性功能低下，创伤愈合迟缓。

促进食欲。锌能促进味觉素的合成，维持口腔黏膜细胞正常的结构和功能，增强消化酶的活性，改善味觉，增进食欲，促进消化，有效纠正儿童偏食厌食。

提高免疫力。在微量元素中，锌对孩子免疫力的作用最为关键。缺锌将导致免疫力低下，更容易感染腹泻、流感、肺炎等流行性、传染性疾病。

 ### 锌缺乏的表现

锌与婴幼儿的生长发育有着密切的关系。婴儿缺锌，会出现食欲下降、消化功能异常、反复感染、生长迟缓、性发育落后、智力发育缓慢、动作及语言能力发育迟缓、智商低下等情况，还可造成免疫功能异常，抵抗力下降，皮肤、毛发粗糙干燥，指甲不光滑、有白点，创伤愈合慢。表现在宝宝身上最明显的就是发育迟缓，身高、体重、头围等发育指标明显落后于同龄的宝宝，没有食欲，不想吃东西，甚至出现厌食、偏食、口腔发炎、口腔溃疡等症状。

家长如果发现上述异常，应及时提供给医生作为参考，让医生结合出生、喂养的情况和有无其他疾病及相关检查，做出科学的综合判断。因

为这些症状有些并不是只有缺锌才造成的，切不要马上片面地做出缺锌的判断，而随意大量补锌。

 ## 孩子补锌技巧

在饮食正常、没有疾病和易感因素的情况下，一般不易缺锌，补锌需认真对待。

补锌不宜盲目。父母不要片面地就做出孩子缺锌的判断，马上大量给孩子补锌，而应及时做相关检查，让医生做出判断。确认缺锌时，除膳食外，可在医生指导下给予补锌产品，原则是缺则补，不缺则不补。

孩子多汗的宜补锌。有些孩子存在多汗现象，大量出汗会使锌丢失过多，而缺锌又会降低机体的免疫功能，造成身体虚弱，加重多汗，甚至形成恶性循环。

有挑食偏食习惯的孩子适量补锌。锌富含于牡蛎、瘦肉、动物内脏中，如果孩子因不良的饮食习惯而不吃或少吃这类食物，就可能会发生锌缺乏。

受感染的孩子要补锌。锌参与人体蛋白质、核酸等的合成，儿童感染时对锌的需要量会增加，而胃肠道吸收锌的能力会减弱。因此，儿童受感染时易缺锌，要适量补充锌剂和多吃富含锌的食物。

 ## 适合孩子的补锌食物

适合给宝宝补锌的食物主要有：

锌元素在海产品、动物内脏中含量最为丰富，一般动物性食物的含锌量比植物性食物高。我们常吃的食物中含锌较多的有贝类食物（牡蛎、扇贝、干贝及贝肉）、动物肝、动物血、瘦肉、蛋类、谷类、干果（坚果）类等，但大多数的蔬菜、水果含锌量一般。

适宜在学龄前儿童膳食中添加的补锌食物主要有芝麻、牛肉、动物肝、红色肉类、鸡肉、蛋类、干果类（如小核桃、杏仁）、虾、鱼肉、口蘑、香菇、银耳、金针菇和全谷类（如糙米、小米、燕麦、黑米等）。

小米蛋奶粥

制作方法：

1. 将小米淘洗干净，用冷水浸泡后沥水备用；枸杞子洗净，用清水稍泡一会儿。

2. 锅内加入适量冷水烧开，下入小米用中火煮至米粒涨开，加入枸杞子、牛奶继续煮至米粒松软烂熟。

3. 鸡蛋磕入碗中用筷子打散，淋入奶粥中，加入白砂糖调味即成。

营养小支着：

小米营养易于吸收，含维生素 B_1、铁和锌较多，以小米熬粥有"代参汤"之称。牛奶、鸡蛋营养全面，也都富含锌和一定量的铁，三者同煮粥食用，可预防孩子缺锌、缺钙，促进健康发育。

材料： 小米50克，牛奶200毫升，鸡蛋1个，枸杞子少许，白砂糖10克。

蛋香四鲜菜泥

制作方法：

1. 将所有蔬菜洗净，切碎，入锅加食盐和适量水，煮熟。

2. 待凉后将煮好的蔬菜压磨成泥，放入蒸盘，倒上打匀的鸡蛋搅匀，入开水蒸锅蒸熟即可。

营养小支着：

以4种适宜婴儿吃的蔬菜搭配鸡蛋同烹，营养相互补充且增进，对婴儿的营养全面摄取和健康生长很有帮助，也可把混合蔬菜泥放入粥里烹煮，妈妈可以灵活掌握。

材料： 豌豆15克，去皮土豆25克，去皮胡萝卜20克，菜花20克，鸡蛋1个，食盐少许。

海鲜丸子牛奶汤

制作方法：

1. 将豌豆仁煮熟捞出，捣成泥状；虾仁去肠泥，洗净后切碎，加入蟹肉、豌豆泥混合，调入白胡椒粉、食盐、淀粉，顺一个方向搅拌均匀。

2. 把牛奶和清高汤倒入锅中煮沸，将虾泥馅捏成小丸子下入锅中煮熟，再加入豌豆苗煮沸即可。

营养小支着：

虾仁、蟹肉、豌豆、牛奶都富含蛋白质和钙、锌、磷等多种矿物质及维生素A、维生素D等多种维生素，可补益身体，促进睡眠，保护神经系统健康。丰富的维生素D更能保证钙的良好吸收。汤汁中还可以加少许白味噌，更为鲜美。

材料： 鲜虾仁130克，蟹肉30克，豌豆仁30克，豌豆苗适量，牛奶100毫升，清高汤300毫升，白胡椒粉、食盐各少许，淀粉10克。

金针牛肉片

制作方法：

1. 嫩牛肉洗净，切成薄片；金针菇择洗干净；熟鸡蛋去壳，将蛋黄和蛋白分别切成丁。

2. 锅内放入花生油烧热，爆香蒜末，放入嫩牛肉片炒香，烹入少许水和儿童酱油，用小火焖煮10分钟。

3. 加入金针菇同煮，调入食盐、鸡精继续焖煮至熟透，加入蛋黄丁和蛋白丁拌匀即可。

营养小支着：

金针菇富含人体必需的氨基酸，且含锌量高，对增强脑功能，尤其对促进儿童的身高和智力发育有帮助。牛肉营养丰富，适量食用可促进孩子的生长发育，对身体调养、补血等方面很有益。

材料： 嫩牛肉200克，金针菇100克，熟鸡蛋1个，蒜末5克，花生油、儿童酱油、食盐、鸡精各适量。

蛋香蛤蜊

制作方法：

1. 将新鲜的蛤蜊放入盐水中浸泡几个小时，刷洗干净。

2. 锅中水烧开，放入姜片，煮沸，再放入蛤蜊。把先开壳的捞起来。

3. 将鸡蛋打散，加点食盐，按 1 ：1 的比例加入煮蛤蜊的水，搅拌均匀。

4. 将蛋液倒入蛤蜊中，大火烧开 10 分钟即可。

营养小支着：

新鲜的蛤蜊，营养丰富，肉质鲜美，在蛤蜊上蒸出来的蛋，非常嫩滑，很适合孩子食用。

材料：蛤蜊 150 克，鸡蛋 2 个，姜片、食盐各适量。

甜香牛奶南瓜泥

制作方法：

1. 将南瓜去籽，连皮切成块状，放入锅中，用中小火煮至熟软后捞起。

2. 用汤匙刮取南瓜肉，装碗，捣磨成泥状，加入婴儿牛奶拌匀即成。

营养小支着：

南瓜所含果胶可以保护胃肠道黏膜，加强胃肠蠕动，帮助食物消化；它所含丰富的锌为人体生长发育的重要物质，能促进宝宝健康发育,增长智力。本辅食适合给满 6 个月后的婴儿添加。第一次可先喂 1 大匙，视宝宝的反应再增加分量。

这款辅食也可以用过滤后的大骨汤、蔬菜汤、鸡骨汤等任何一种来做。

材料：南瓜 150 克，婴儿牛奶 60 毫升。

银牙烩蛤蜊

制作方法：

1. 蛤蜊泡水吐净泥沙，洗净。
2. 锅烧开一碗水，放入姜片和料酒，下蛤蜊烫熟，取肉去壳，汤倒入砂锅。
3. 黄豆芽用滚水烫过，沥干；芹菜段和红甜椒丝用热植物油稍炒。
4. 将枸杞子放进蛤蜊汤中煮开，转小火煮片刻，放入黄豆芽、芹菜段、红甜椒丝、蛤蜊肉煮熟，调入食盐即可。

营养小支着：

蛤蜊肉营养丰富，含有一种具有降低血清胆固醇作用的物质，对人体极为有益，还有滋阴明目、润燥化痰的功效。

材料： 蛤蜊 150 克，净黄豆芽 50 克，芹菜段 25 克，红甜椒丝 30 克，枸杞子 5 克，植物油、料酒、食盐、姜片各少许。

牛肉焖土豆

制作方法：

1. 土豆去皮后切成块；熟牛肉切成小块；用黄酒、白砂糖、鸡精、酱油、鲜汤拌成调料汁。
2. 炒锅中烧热花生油，下姜末、蒜泥煸香，投入熟牛肉块、土豆块炒匀，倒进调料汁用大火烧开，转文火烧至入味收汁，淋上香油即可。

营养小支着：

土豆含有多种维生素和无机盐，是人体健康和幼儿成长发育不可缺少的元素。牛肉营养丰富，适量食用可促进孩子的生长发育，对身体调养、补血等方面很有益。

材料： 熟牛肉 250 克，熟土豆 300 克，鲜汤 100 毫升，酱油、花生油、黄酒、姜末、蒜泥、白砂糖、香油、鸡精各适量。

材料：大米50克，牛奶100毫升，
熟鸡蛋黄1个，白砂糖少许。

蛋黄牛奶粥

制作方法：

1. 将大米淘洗干净，加入约150毫升水，置火上煮开，用小火煮至米烂粥黏。

2. 将熟鸡蛋黄用小勺背面研磨碎，和牛奶一起加入粥锅中，再稍煮片刻，加入白砂糖即可。

营养小支着：

蛋黄比较容易消化，是婴儿较理想的补锌、补铁食物。刚开始每天喂1/4个煮熟的蛋黄，一般是将蛋黄压碎，混合在牛奶、米汤或粥中，然后逐渐增加到1/2个。宝宝7个月后，每天可喂1个蛋黄，也可做成蛋花汤或蒸蛋食用。

材料：香蕉半根，牛奶60毫升，玉米粉5克，
熟鸡蛋黄1个。

蛋奶香蕉糊

制作方法：

1. 香蕉去皮后将果肉用勺子研磨成泥状；玉米粉加少许水调匀；熟鸡蛋黄压碎。

2. 将调好的玉米粉倒入小锅内煮开，加入牛奶，用小火煮至发黏。

3. 倒入香蕉泥拌匀，再边煮边加入鸡蛋黄末，拌匀后即可离火。

营养小支着：

牛奶营养素全面，特别是含丰富的蛋白质、钙、锌、维生素D以及人体生长发育所需的全部氨基酸，消化率可达98%，非常有利于婴儿的健康。香蕉、玉米粉与牛奶同煮，可提高蛋白质的营养价值及人体对各种营养的吸收率。制作此奶糊简单又省时，婴儿7个月后可常食。制作时也可添加些苹果，以增加营养，搭配口味。

牛肉末滑蛋粥

制作方法：

1. 将鸡蛋磕入碗中打散备用；嫩牛肉洗净沥干，剁成细末。

2. 将稠大米粥倒入粥锅，用小火煮开，放入嫩牛肉末、高汤、煮熟后淋入鸡蛋液，调入食盐再稍煮即可。

营养小支着：

大米在谷类食物中含锌量是较为丰富的，而牛肉、鸡蛋也都是补锌的良好食物，此粥适宜 11 ~ 12 个月月龄的宝宝，但宝宝吃牛肉不宜太多，一周 1 次即可。在粥里加鸡蛋会让粥更浓稠，加些高汤可以适当调整浓度和口味，对宝宝营养均衡很有益。还可在粥中添加一些切细的蔬菜，如土豆、胡萝卜、白菜、小白菜等，以丰富口味，增加营养。

材料： 嫩牛肉 20 克，鸡蛋 1 个，稠大米粥适量，高汤、食盐各少许。

蒜香鱼蓉蒸豆腐

制作方法：

1. 净鱼腩肉剁成蓉，加入鸡汁、食盐、胡椒粉、香油拌匀。

2. 老豆腐切成 8 块，中间挖孔，沾上少许淀粉，嵌入鱼蓉后装盘。

3. 锅烧热植物油，下蒜蓉、食盐和少许水炒成蒜蓉汁，浇在鱼蓉豆腐上，上笼蒸熟，撒上葱花，再浇上少许热油。

营养小支着：

豆类制品和鱼肉都有补脑养脑的功效，能及时补充大脑的营养，提高脑神经的活性。当孩子体弱、记忆力下降时，用豆腐搭配鱼肉或瘦肉食用会有所改善。

材料： 净鱼腩肉 150 克，老豆腐 200 克，蒜蓉 15 克，植物油 20 毫升，鸡汁、食盐、葱花、香油、胡椒粉、淀粉各少许。

材料：鸡肝 20 克，去皮土豆 50 克，大米 30 克，食盐少许。

土豆鸡肝粥

制作方法：

1.将鸡肝洗净，入锅加水煮熟（煮鸡肝的水留用），捞起后先切成薄片，再切碎。

2.土豆放入沸水中煮至熟透，捞起压成蓉；大米淘洗干净。

3.把煮鸡肝的水和大米同入锅，大火煮开，转小火煮粥 1 小时，先关火闷 15 分钟，再用小火煮成米糊状，加入土豆蓉、鸡肝末，调入食盐，搅拌均匀后再稍煮即成。

营养小支着：

婴幼儿补锌尽量在吃饭中补充，多给孩子吃点肉类及粗粮类的食物，尤其是多吃各种肉类。妈妈们还要特别注意的是，要防止孩子补锌过度，补锌过度容易引起孩子的肠胃不适。

材料：鲜贝 150 克，番茄 100 克，洋葱末 20 克，鸡蛋 1 个，番茄酱 15 克，食盐、白砂糖、酱油、湿淀粉各少许，植物油适量。

番茄炒鲜贝

制作方法：

1.鲜贝洗净后控干水分；番茄去皮，切成丁；鸡蛋磕入碗内，加入食盐搅匀。

2.将鲜贝放入蛋液中拌匀，下入烧热植物油的油锅内稍炸一下，捞出沥油。

3.原锅留少许底油烧热，爆香洋葱末，加入番茄丁，调入白砂糖、酱油、食盐炒匀，放入番茄酱和鲜贝炒熟，用湿淀粉勾芡后翻匀即可。

营养小支着：

番茄含有丰富的 B 族维生素、维生素 C、维生素 P 等，还含有抗氧化作用的番茄红素。鲜贝等水产品富含多种人体必需的矿物质和优质蛋白质。此菜对促进孩子的营养全面摄取有一定帮助。

香炸凤尾虾

制作方法：

1. 凤尾虾去头和外壳，留尾，用刀由脊背片开，腹部相连成一大扇，挑去沙线，洗净后捶松，用料酒、食盐拌匀；鸡蛋磕入碗中搅匀。

2. 虾肉裹上干淀粉，挂匀鸡蛋液，再裹上面包屑，放入热植物油锅中炸熟，盛盘。

3. 菠萝肉、哈密瓜肉切片，和樱桃分别裹上干淀粉，挂匀鸡蛋液，下入热植物油锅中稍炸一下，摆在凤尾虾周围。

营养小支着：

也可把几种水果换成新鲜蔬菜，再配上豆腐来重新搭配。适当变换食物的搭配，有利于孩子营养平衡。

材料：凤尾虾300克，菠萝肉、哈密瓜肉、樱桃各50克，鸡蛋2个，面包屑50克，干淀粉30克，料酒、食盐、植物油各适量。

葱香鱼片

制作方法：

1. 草鱼肉洗净，切成小片，加食盐、淀粉、鸡蛋清拌匀。

2. 炒锅中放花生油烧热，下入草鱼肉片炸香后捞出。

3. 锅留底油，下姜末、大葱段、红椒片炒香，再放入草鱼肉片炒匀，调入食盐翻炒入味即可。

营养小支着：

草鱼肉富含不饱和脂肪酸，对血液循环有利。

材料：草鱼肉300克，大葱段50克，2个鸡蛋的蛋清，红椒片15克，淀粉20克，姜末10克，食盐、花生油各适量。

材料：鲜虾仁50克，鸡蛋2个，鲜香菇2朵，香油5毫升，葱花、食盐、淀粉各少许。

虾仁蒸蛋

制作方法：

1.鲜虾仁挑除沙线后洗净，沥干水分，加入食盐、淀粉拌匀；鲜香菇择洗干净，切成小薄片。

2.鸡蛋打入碗内搅匀，加入虾仁、香菇片，再加少许食盐和适量水调匀，淋入香油，上笼蒸10分钟至嫩熟，撒上葱花即可。

营养小支着：

香菇和虾仁的营养十分丰富，也都是补充锌的良好食物来源，与富含DHA（二十二碳六烯酸，俗称"脑黄金"）和卵磷脂、卵黄素的鸡蛋搭配，营养互为补充，更可促进幼儿生长发育和思维的敏锐。给幼儿吃鸡蛋，烹调方法以煮、蒸为佳，营养保持好且易消化。

材料：净虾仁200克，鸡蛋2个，面粉250克，火腿粒、香菇粒各25克，白砂糖、葱花、香油、食盐各少许，植物油适量。

炸虾盒

制作方法：

1.面粉中加1个鸡蛋、白砂糖和少许水和好，擀成薄面皮，切成方块；另一个鸡蛋打成蛋液。

2.锅内烧热植物油，下入火腿粒、冬菇粒和虾仁滑炒，加食盐、香油和葱花炒熟作馅，铺在面皮上，包成虾盒生坯，放入冰箱冷藏一下。

3.虾盒生坯沾上干面粉，裹上鸡蛋液，下入烧热植物油的锅中煎熟即可。

营养小支着：

酥香适口，可作为点心和配菜给孩子食用。3岁后的宝宝对食物选择的自主性增强，易发生偏食、挑食，需注意给孩子的膳食搭配及烹调方法的调整。

香煎蛋包苹果

制作方法：

1. 将苹果洗净，去皮、核，切成小丁，放入炒锅内，加入奶油、白砂糖和少许水翻炒片刻，制成苹果酱备用。

2. 鸡蛋磕出，加面粉、奶粉和少许水搅拌均匀，倒入烧热了植物油的锅中摊成薄蛋饼。

3. 将制好的苹果酱放在摊好的蛋饼上，对折包好即可。

营养小支着：

苹果营养全面，能促进能量代谢、润肺除烦、健脾益胃、养心益气、解暑生津。苹果和鸡蛋组合，有不一样的营养和味道，对幼儿补锌很有帮助，而锌是构成与记忆力息息相关的核酸和蛋白质的物质，对促进生长发育和加强幼儿营养及安神增智非常有益。

材料：苹果250克，鸡蛋1个，奶粉15克，植物油、奶油、面粉、白砂糖各适量。

虾肉馄饨

制作方法：

1. 虾仁洗净后剁成泥，加少许食盐、淀粉和鸡蛋清（1个）拌匀。

2. 猪肉泥盛碗，加少许大骨汤充分搅拌，再加酱油、食盐、葱末、姜末、香油拌匀，再和虾泥混合拌成馅。

3. 面粉中加入剩余的鸡蛋和适量水，和好后盖上放20分钟，然后擀成大薄面皮，切成若干三角形或梯形的馄饨皮。

4. 将馅放入馄饨皮中包成馄饨，下入烧沸的大骨汤中煮熟即可。

营养小支着：

给学龄前儿童安排膳食应多样化，以谷类为主，搭配荤素食材做适合孩子口味的食物，如饺子、馄饨、菜肉焖饭等都适宜常加入儿童食谱中。

材料：面粉200克，虾仁150克，鸡蛋2个，猪肉泥100克，葱末、姜末、食盐、酱油、淀粉、香油、大骨汤各适量。

牛奶芝麻核桃饼

制作方法：

1. 核桃仁用热水泡 10 分钟，捞出后剥去外皮，放入锅中炒一下，趁热压碎。

2. 将面粉放入盆内，打入鸡蛋，加入核桃末、牛奶、黑芝麻、食盐和鲜牛奶，朝一个方向搅匀成糊状备用。

3. 平底锅置火上，下入植物油烧热，舀入适量调好的核桃芝麻面糊，转动锅使面糊成圆薄饼，一面煎至金黄色后再翻个儿煎另一面，至熟透后装盘。

营养小支着：

黑芝麻、核桃仁、牛奶、鸡蛋都含有较多的锌元素，其中核桃、芝麻中还含有丰富的 B 族维生素、维生素 E 和铁，这些营养可促进幼儿发育，对健脑增智和提高记忆力很有帮助。

材料： 面粉 250 克，核桃仁 75 克，鲜牛奶 200 毫升，鸡蛋 2 个，黑芝麻 20 克，植物油适量，食盐少许。

蛋卷香蕉拌藕粉

制作方法：

1. 把苹果、梨、香蕉、橘子都去皮、核，切成丁；山楂糕切成与水果同样大小的丁；藕粉用少量温水调匀。

2. 锅内放入适量清水烧开，放入莲子、苹果丁、梨丁、香蕉丁、橘子丁，待再烧开后用小火煨 2 分钟，加入调好的藕粉搅匀煮片刻，然后加入白砂糖、糖桂花稍煮，离火，放入山楂糕丁拌匀即可。

营养小支着：

苹果、香蕉特有的香味能缓解不良情绪，有提神醒脑的功效，所含的粗纤维可促进肠蠕动，防止便秘；而丰富的锌是增强记忆力、促进大脑发育的必需营养素。梨和山楂糕，富含的维生素 A、维生素 C、维生素 E，有助于维持细胞组织的健康，帮助器官排毒、净化，还能帮助消化、促进食欲，并有利尿、通便和解热的作用。

材料： 苹果、梨、香蕉、橘子各 1 个，莲子 10 颗，山楂糕 50 克，藕粉 30 克，白砂糖、糖桂花各少许。

滑肉薯片

制作方法：

1.瘦肉片用酱油及淀粉拌匀。

2.锅中放入植物油烧热，下入瘦肉片炒熟后盛起。

3.锅中再加植物油烧热，爆香蒜蓉，放入咖喱粉、土豆片炒香，调入食盐、酱油、白砂糖和少许水，煮至土豆片起黏，加入瘦肉片、油菜末炒匀即可。

营养小支着：

土豆、猪肉富含锌，对改善因缺锌引起的偏食、无食欲、食不知味等有益。土豆还是碱性食物，能调节人体的酸碱平衡，纠正儿童偏食。

材料：瘦肉片150克，土豆片300克，油菜末15克，蒜蓉、淀粉、食盐、酱油、白砂糖、咖喱粉、植物油各适量。

滋味蛋卷饭

制作方法：

1.将鸡蛋磕入碗中，加一点点食盐打匀，倒入加了大豆油烧热的平底锅中摊成薄蛋饼。

2.把胡萝卜末和洋葱末用少许大豆油炒至快熟时，加入软米饭，调入一点食盐拌炒均匀。

3.将炒好的软米饭平摊于鸡蛋饼上，卷成蛋卷，然后切成小段给宝宝食用。

营养小支着：

这是一款妈妈为宝宝精心设计的辅食，形状可爱、色彩诱人、营养搭配合理，足以引起宝宝的食欲。制作时也可在饭中再添加一些切碎的青菜或肉末，以增加口味的变化，丰富营养搭配。

材料：鸡蛋1个，胡萝卜末15克，洋葱末10克，软米饭半小碗，大豆油、食盐各少许。

材料：红豆50克，银耳10克，冰糖60克，西米20克，牛奶200毫升。

奶香红豆银耳西米露

制作方法：

1. 红豆、银耳分别洗净，用清水浸泡2小时，沥干水分，将银耳切成小碎块备用。

2. 取2杯水加入红豆中，用中火煮滚后转小火续煮至红豆熟软，加入银耳续煮约5分钟，放入冰糖、牛奶搅匀，再煮片刻熄火。

3. 将西米放入锅中，加水用小火煮透，以冷开水冲凉，沥干后加入红豆奶汤中拌匀即成。

营养小支着：

红豆、银耳、牛奶都可为人体提供丰富的锌、铁和钙，几种食品搭配在一起对幼儿生长发育、补脑益智、促进思维敏捷十分有益，还能健胃补血，改善睡眠。银耳不易咬碎，一般待幼儿2岁后再添加。

材料：五香花生仁40克，烤核桃3个，鲜牛奶250毫升，白砂糖15克，葡萄干少许。

自制花生核桃牛奶

制作方法：

1. 将花生仁外层的红衣薄膜剥除；核桃去除外壳，取核桃肉待用。

2. 将花生仁、核桃肉、鲜牛奶一起放入果汁机内搅打均匀。

3. 将核桃花生奶倒入锅中，以小火加热并持续搅拌均匀直至烧沸，加入白砂糖搅拌至溶解，再加入葡萄干即可。

营养小支着：

这款辅食甜香可口，且十分适合幼儿的口味。含有丰富的蛋白质、B族维生素、维生素E、维生素K及钙、铁、锌、磷等多种矿物质，可补脑健脑、促进生长。牛奶中的糖类是乳糖，可促进钙、锌、镁、铁等矿物质的吸收，促进人体肠道内乳酸菌的生长，保证肠道健康。

虾仁蛋包饭

制作方法:

1. 虾仁挑去泥肠,洗净,用沸水烫一下。

2. 炒锅中放入植物油烧热,炒香洋葱丁,放入虾仁,调入食盐、鸡汁,倒入米饭炒香,加入葱花炒匀备用。

3. 鸡蛋磕入碗内加一点点食盐搅匀,倒入平底锅用少许热植物油煎成薄蛋饼,放入炒好的米饭包好,再稍煎装盘。食用时可适当淋上一些番茄酱。

营养小支着:

软嫩鲜香,诱人食欲。鸡蛋营养成分全面,蛋白质优良,和虾仁、蔬菜、米饭同烹,荤素搭配适宜,做法巧妙,可保证孩子的营养补充充足,宜作为午餐,既能健脑安神,又可消除疲劳。

材料: 米饭200克,鸡蛋2个,虾仁100克,洋葱丁20克,葱花、食盐、鸡汁、植物油、番茄酱各适量。

香菇虾仁粥

制作方法:

1. 将粳米加适量水煮成粥;香菇泡软去蒂,切成块;香葱切成葱花。

2. 将虾仁、香菇放入开水锅中,稍烫后捞出。

3. 将粥倒入锅中煮开,加入虾仁、香菇、食盐、香油、胡椒粉熬熟,撒上葱花即可。

营养小支着:

粳米能提高人体免疫功能,促进血液循环。粥的硬度根据宝宝年龄大小而定,不用煮得太烂,那样锻炼不了孩子的咀嚼能力。

材料: 粳米50克,虾仁80克,干香菇20克,香葱20克,食盐、香油、胡椒粉各适量。

材料：鸡蛋3个，卷心菜丝、金针菇、香菇丝、红甜椒丝、胡萝卜丝、水发黄花菜各10克，食盐少许，植物油适量。

六鲜菇菜煎蛋

制作方法：

1. 将胡萝卜丝、黄花菜分别用沸水焯透，沥干水分；金针菇、香菇丝、红甜椒丝分别焯水，沥干水分。

2. 将鸡蛋打入碗中，搅匀打发，放入全部蔬菜和食盐，搅拌均匀。

3. 平底锅中放入植物油烧热，倒入调好的蔬菜鸡蛋液，用中火煎至两面金黄色、熟透，盛出切成三角块即可。

营养小支着：

鸡蛋是幼儿生长发育中不可缺少的食物，有增进骨骼发育、健脑补脑、提高记忆力、预防贫血和消除疲劳等多种作用。与鸡蛋搭配的多种蔬菜，特别是金针菇、香菇、黄花菜含锌量都较高，都是良好的健脑菜，对幼儿智力发育有非常好的促进作用。给幼儿吃鸡蛋，烹调方法以煮、蒸为佳，营养保持得好，且易消化。

材料：鸡蛋2个，嫩牛肉末60克，嫩豆腐150克，湿淀粉15克，生抽、食盐、香油、熟植物油各少许。

牛肉豆腐羹

制作方法：

1. 将嫩牛肉末用生抽拌匀，再加少许植物油拌匀，静置30分钟；鸡蛋磕入碗内搅匀；豆腐洗净，切成小块，焯水后沥干。

2. 炒锅内放入植物油，用中火炒香牛肉末，加入适量开水，放入豆腐块烧至微沸，加入食盐和少许生抽煮开，用湿淀粉勾芡。

3. 把打匀的鸡蛋液徐徐倒入锅中，边倒边向同一个方向搅动，稍煮后加入香油即可。

营养小支着：

牛肉含有丰富的蛋白质及锌、镁、铁等微量元素，适当给宝宝吃些牛肉能强壮身体、增长肌肉、提高智力。幼儿期是宝宝的脑和神经发育的重要阶段，加之鸡蛋、豆腐都含有丰富的补脑、健脑营养物质，合理的搭配对促进幼儿的健康发育很有益。

燕麦松子香蕉米粥

制作方法:

1. 将香蕉去皮,切成小段;大米洗净,用清水浸泡 2 小时,放入粥锅加适量水煮沸,转小火煮成黏黏的稀粥。

2. 滗取稀粥上面的米汤入锅,下入燕麦煮 3 分钟。

3. 加入冰糖、鲜牛奶拌匀煮沸,再加入香蕉段、熟松子仁稍煮即可。

营养小支着:

香蕉是最符合营养标准又能让人心情愉快的水果,且含丰富的维生素和矿物质,其富含的膳食纤维还有润肠通便、润肺止咳、滋补健脑的作用;燕麦富含铁、锌、钙、维生素 A 和膳食纤维,补益功效极佳;松子中含铁、锌、钙也较多。三者搭配牛奶,营养全面,可为孩子的发育提供充足的养分。

材料:香蕉 1 根,大米 30 克,熟松子仁 20 克,燕麦 30 克,鲜牛奶、冰糖各适量。

肉末鲜虾面

制作方法:

1. 锅内加适量清水烧沸,下入龙须面,加少许食盐,待面煮熟后捞出过凉,将面条剪成短段并沥干水分。

2. 猪里脊肉和鲜虾仁处理干净,都切成末。

3. 炒锅下植物油烧热,放入葱花、猪里脊肉末翻炒片刻。加入酱油续炒入味后加入清高汤,待肉末熟后加入碎虾仁、青菜末、面条段,煮沸后调入少许食盐,再稍煮即成。

营养小支着:

日常吃的食物中含锌较多的有牡蛎、动物肝脏、动物血、瘦肉、虾仁、蛋、粗粮、核桃、花生等,一般蔬菜、水果、粮食也均含有锌,只要妈妈注意搭配、合理安排,宝宝缺锌的概率会大大降低。

材料:龙须面 1 小把,猪里脊肉 30 克,鲜虾仁 20 克,青菜末 25 克,清高汤适量,葱花、酱油、食盐、植物油各少许。

黄花菜炒肉丝

制作方法：

1.瘦肉洗净后切成细丝；黄花菜用温水泡发，洗净；鸡蛋打散，倒入烧热少许花生油的平底锅中摊成薄饼，冷却后切成丝。

2.炒锅内放入花生油烧热，爆香姜末，下入瘦肉丝炒至变色，倒入黄花菜，加入高汤翻炒至熟，下入鸡蛋丝，以食盐调味后炒匀即可。

营养小支着：

黄花菜营养全面，特别是钙、磷、镁、锌、钾及维生素A的含量丰富，有非常好的补脑健脑作用，对学龄前儿童的智力发育十分有益。瘦肉要选鲜嫩的，用猪里脊最适宜。没有高汤时加水即可。

材料：瘦肉150克，黄花菜60克，鸡蛋1个，姜末、食盐、高汤各少许，花生油适量。

红烧鱼尾

制作方法：

1.将青鱼尾处理干净，斩成小块；水发香菇洗净，切成片。

2.锅置火上，下入植物油烧至七成热，放入青鱼尾块煎至金黄色时捞出。

3.锅留少许油，下葱段、姜片爆香，加入猪肉片、冬笋片、香菇片煸炒片刻，下入青鱼尾块，加入料酒、酱油、白砂糖、食盐和适量水，用旺火烧开后转文火焖烧至熟透，加入香醋，用旺火收浓汁，撒上香菜装盘。

营养小支着：

青鱼肉厚且嫩，味鲜美，刺大而少，是淡水鱼中的上品，除含有丰富的蛋白质外，还富含硒、锌、钾、磷、钙、碘等矿物质元素，很适合在儿童食谱中添加。

材料：青鱼尾400克，水发香菇50克，冬笋片、猪肉片各30克，葱段、姜片、香菜、料酒、食盐、酱油、香醋、白砂糖、植物油各适量。